装修风格速查

INTERIOR DESIGN
室内设计美学丛书

理想·宅 编

U0214833

海峡出版发行集团 | 福建科学技术出版社
THE STRAITS PUBLISHING & DISTRIBUTING GROUP | FUJIAN SCIENCE & TECHNOLOGY PUBLISHING HOUSE

图书在版编目 (CIP) 数据

装修风格速查 / 理想·宅编 .—福州：福建科学技术
出版社，2017.10
　　（室内设计美学丛书）
　　ISBN 978-7-5335-5429-3

　　Ⅰ.①装… Ⅱ.①理… Ⅲ.①住宅－室内装修－建筑
设计 Ⅳ.① TU767

中国版本图书馆 CIP 数据核字（2017）第 235067 号

书　　名	装修风格速查	
	室内设计美学丛书	
编　　者	理想·宅	
出版发行	海峡出版发行集团	
	福建科学技术出版社	
社　　址	福州市东水路76号（邮编350001）	
网　　址	www.fjstp.com	
经　　销	福建新华发行（集团）有限责任公司	
印　　刷	福建彩色印刷有限公司	
开　　本	700毫米×1000毫米　1/16	
印　　张	9	
图　　文	144码	
版　　次	2017年10月第1版	
印　　次	2017年10月第1次印刷	
书　　号	ISBN 978-7-5335-5429-3	
定　　价	49.80元	

书中如有印装质量问题，可直接向本社调换

前 言 Preface

　　家居风格设计，永远不是从一个角度就能剖析完全、从一个方面就能讲解清楚的，需要从多个角度、专业的剖析、大量的实例，来立体地展现风格设计的精髓。

　　多个角度。首先是设计风格选取的多样化，包括现代风格、欧式风格、中式风格、地中海风格在内的十二个当下最流行的设计风格。其次，每种设计风格的多角度讲解，从布局到材料，从家具到软装，最后到配色，五种完全不同的角度，来细致地讲解家居风格设计的特点。

　　专业的剖析。从风格的历史沿革讲起，介绍风格的形成原因，由此引申出风格的设计理念，以及实用性的设计方案。帮助读者从根源了解一种设计风格，从而掌握风格的设计技巧。

　　大量的实例。每一种设计风格之下的家具、材料，以及软装、配色等，选取了大量的图片和实际案例，配以专业的文字点评来讲解风格。即使是一种风格，也有多样化的设计选择，拓宽了读者的视野，提供了更加全面的选择。

　　本书由"理想·宅 Ideal Home"倾力打造，总结了多个经验丰富的从业设计师在家居软装设计方面的经验，按照材料、家具、软装、配色等家具在不同家居风格中的运用方式划分章节，同时，结合简洁明快的速查版式和例图，系统地讲解风格设计。不仅适用于计划进行家装的业主，也适用于刚入行的专业设计人员。

Contents
目录

第一章
现代风格

第二章
简约风格

第三章
混搭风格

第一章
现代风格

现代风格起源于 20 世纪初，因包豪斯学派的创立而得以传播。现代风格的设计注重空间结构，因此强调设计的实用性、布局设计的合理性。现代风格的发扬首先源于工业时代工艺制作的进步，使得家具、装修材料得以展现简洁的线性美感，突出现代风格的设计特点。其材料选择大胆创新，如金属、玻璃、人造石等；家具软装则倾向实用性的同时，突出制作工艺的简洁性、不繁杂。

风格材料 用新型材料营造空间独特质感

要点速查

① 了解现代风格设计中常用到的典型材料，可以使空间的设计效果看起来更具现代感。

② 金属及镜面材质是现代风格材料中必不可少的元素，不论设计的面积是大还是小，设计的位置在墙面还是在吊顶，都可以起到丰富空间效果的作用，使空间看起来更具现代感。

③ 一些质感硬朗的材料不适合在空间中大面积地使用，以免使空间看起来冰冷且缺乏温馨感。相反的，多使用橡木饰面、木地板的材料，再搭配质感硬朗的材料，可使空间更显温馨，有一种舒适的、幽静的美感。

④ 现代风格的材料强调彼此间的协调搭配，通过大小比例变化、色调上的对比与呼应等，设计出如同一个整体的造型，使得空间的设计更加丰富。

⑤ 不是所有的材料都适合运用在现代风格中。适合现代风格的材料普遍有一个共通点，就是材料的本身并不繁复，具有一定的线性美感，而且不会因为占用太多的空间面积而牺牲掉流动空间。

材料类别

01 黑镜

作为一种新材料，几乎每一户的现代风格设计中，都会运用到黑镜做造型，最常见的是用在墙面或吊顶中。在具体运用中，通常会将黑镜与其他材料组合，以丰富空间的设计感。

设计要点

相比较纯黑镜，印花黑镜适合小面积的设计，用以点缀空间。

02 天然大理石

天然大理石会设计在电视背景墙、沙发背景墙、床头背景墙等处，成为该空间的视觉焦点。其纹理多变化、天然，能够很好地呼应现代风格的特点。

设计要点

大理石的纹理选择，是使其呼应现代风格居室设计内涵的关键。

03 木纹饰面板

在现代风格的居室内，木纹饰面板也是比较常用的一种材料。与其他风格不同的是，木纹饰面板经常会搭配金属、镜面等现代感强的材料一起使用。

设计要点

木纹饰面板的色彩选择很重要，宜选择现代感强的类型，红色、棕红色等复古类型不太合适。

04 金属材料

这是典型的代表现代风格的装饰材料，在空间中有多种的设计方式，如设计墙面造型、柜体的边框造型、玻璃造型的收边等。金属的类别又有不锈钢、拉丝金属、金漆金属等选择。

设计要点

金属造型的边角处需处理严密，以保障空间使用的安全。

风格家具 功能性与线性美感的结合

要点速查

① 现代风格的家具强调使用的舒适性，这是重要的一点。一件设计良好的现代风格家具，使用起来也一定是便捷的、舒适的。

② 通过一些新型的材料来展现家具设计的现代感。家具通常不会单一地使用传统的实木结构框架，然后搭配布艺坐垫，而是会在材料上设计可弯曲变形的塑料材质，改变传统的家具框架，使家具无论从哪一个角度看，都具有创新性、独特性。

③ 家具造型简洁，适应大小变化的空间，不像欧式古典家具那样硕大繁复，不能摆放在较小的空间内。因此，现代风格的家具更受人们的青睐，其展现美观的同时，充分考虑了实用性。

④ 通过细节来体现家具的线性美感。现代风格的家具喜欢棱角分明的线条，或者是直线的，或者是弧形的，以展现家具的线性流动美。

家具类别

01 "L"型皮革沙发

沙发的整体呈 L 型，且全部采用皮革材料制作而成，沙发表面偏近于平整的线性美，整体看起来简洁且具有美感。

> **设计要点**
>
> 沙发的整体造型需要具有现代感，搭配皮革表面则是增添时尚感。

02　圆形黑色餐桌

　　餐桌要想体现出现代感，并不一定是长方形或正方形才行，圆形同样可以代表现代风格。其要点主要在于，餐桌的整体造型要简洁，并突出线条的变化，表现出理性化的质感。

设计要点

餐桌椅的造型和色彩均要保持和整体家居环境的协调性。

03　创意造型沙发组合

　　现代风格家具的一个重要特点便是创意性，可以体现在材料中，也可以体现在造型上。通过一些创意的造型设计改变传统的沙发样式，可使人有耳目一新的感觉。

设计要点

尽管创意的沙发造型可以展现空间的现代感，但也需注意坐卧的舒适度。

04　现代工艺金属座椅

　　金属材料的运用在现代风格居室中是很有代表性的，不仅仅用于墙面上，最常出现的还有金属座椅，主要是不锈钢和铁艺两类，能够提升空间的现代感和时尚感。

设计要点

金属座椅的材质可以与周围的软装材质呼应起来，以塑造整体感。

风格软装 | 先进的布料工艺与简洁的纹理

要点速查

① 适合现代风格的软装有很多，但不同的软装设计中，其表达的现代感也是不同的。因此，现代风格的软装应依据空间设计来搭配。

② 布艺织物一类的软装，像床品、地毯、窗帘等，其设计时首先需要注意的是用料，即材料要先进、缝制工艺要简单，这样才能体现出布艺织物的现代感。

③ 恰当利用纹理造型来体现软装的现代感，如设计有条纹造型的地毯、简洁弧度的窗帘纹理等。通过将这类软装设计在空间中，恰当地体现出空间的线性美感。

④ 装饰画、工艺品一类的软装，不要设计得过于繁复，而是要简洁，最好有一些抽象的设计造型。通过在空间内的摆放，营造出空间的艺术气息。

⑤ 软装之间要彼此搭配，尤其是设计在同一处空间内的软装。需要从纹理上、色调上形成对比或者呼应效果，提升空间的纵深感，使空间拥有设计上的整体性。

软装类别

01 抽象金属工艺品

现代风格的居室中，经常会使用一些抽象形态的立体金属工艺品来活跃氛围并强化风格特征，金属多为黑色铁艺或不锈钢制品。

设计要点

可根据空间的主要材料来选择工艺品的类型，如木料墙面与铁艺搭配较和谐，而石材更适合搭配不锈钢。

02 纯色床品

纯色床品即是在床品的表面，不带有一点的纹理变化，甚至会保留布艺材质的原色调，而不加以染色处理。这样设计出来的床品，可以最大化地保留材料的表面质感，达到一种返璞归真的效果。

设计要点

纯色床品的色调不要与空间内的主色调有太大的反差，而是要相互地融合。

03 抽象装饰画

抽象装饰画有几种不同的悬挂方式，可直接固定在墙面，可用麻绳从顶棚下吊，还可倾斜摆放在墙脚。这几种悬挂方式都很适合用在现代风格的空间，展现空间设计的新意与创新。

设计要点

抽象装饰画的要点是简洁性，而不是画作的丰富性。

04 玻璃＋金属造型吊灯

玻璃和金属结合的搭配常规形式的吊灯，是现代风格家居中的一个代表软装元素。金属主要用在框架及吊杆部分，玻璃作为主体，有的还会加入一些水晶来增加剔透感。

设计要点

现代风格的吊灯，造型可以选择夸张一些的，才能凸显出风格特点。

风格配色 强调大色块与对比色的变化

要点速查

① 现代风格的色彩始终紧跟时尚潮流，但并不是盲目地追随，而是提取潮流中的经典色，设计到家居空间中，使空间色彩有一种隽永的感觉。

② 强调创新与个性的现代风格配色，会大量地运用对比色，形成一种视觉冲击感。但对比色的运用并不随便，而是以一种颜色作为空间主色调、另一种色调作搭配的形式，有鲜明的主次变化。这样设计的好处可以使空间不显杂乱，在统一中寻求变化。

③ 中性色的大量使用是现代风格的一个显著特点。包括空间里的家具、软装、墙面造型等等，通过中性色的大面积展示，使空间具有温馨舒适的感觉。

④ 冷色系具有收缩感，能够使房间宽敞明亮，现代风格常将其设计在墙面上使用，能够让墙面看上去距离更远，因此冷色系特别适合小户型以及狭窄的房间作为主色调使用，例如墙面同为白色，冷色调地面就会比暖色地板感觉宽敞很多。

⑤ 现代风格的配色设计不局限在一种材料中，而是多种材料色彩的相互搭配与对比，如沙发搭配窗帘配色，装饰画搭配墙面色调等等。

配色类别

01 中性色 + 无色系

浅棕色沙发 + 白色墙面

浅棕色的沙发，搭配白色造型墙，雅致而现代感十足

棕色墙面 + 白色家具

棕色墙面与白色家具形成了明快的对比感

深棕色家具 + 白色布艺

浅棕色墙面搭配深棕色家具以及白色布艺，纯粹而不乏层次感

02 白色 + 黑色 / 灰色

白色墙面 + 黑色和灰色家具	白墙、白地 + 黑色家具	黑色墙面、家具 + 白色地面

白色造型墙组合黑色和灰色搭配的家具，时尚而又具有层次感	纯粹的黑与白组合，不仅时尚，且非常有个性	黑色位于视觉中心部分，搭配白色地面，具有动感

03 无色系 + 高纯度彩色

彩色墙面 + 白色家具	无色系家具 + 高纯度点缀色	灰色墙面 + 红色点缀

高纯度的黄色墙面，搭配白色沙发，活泼而现代	作为背景墙的紫色烤漆板足够吸引眼球，米色的沙发也能淡化紫色墙面的视觉冲击力	纯正的红色与灰色的墙面形成了鲜明的对比，大大地活跃了空间氛围

04 对比色组合

红色 + 绿色点缀	黄色 + 蓝色点缀	蓝色家具 + 黄色背景及点缀

棕色护墙板向淡棕色的过渡，使过道一种低调的奢华感	高明度的黄色和深一些的蓝色组合，对比鲜明但不刺激	黄色分布在地毯、靠枕以及装饰画上，搭配一张深蓝色座椅，有冲突感但并不激烈

搭配技巧

创新材料突破传统界限

　　除了一些常规性的石材、金属、木饰面等材料外，现代风格的居室内，还可以使用一些打破常规界限的非传统材料来彰显时尚感和个性，例如一体成型的立体造型石膏板等，用在背景墙的位置上，能够为现代风格家居注入新的活力。

▲集成式的造型石膏板作为沙发背景墙，个性而又不乏现代感。

人造大理石搭配木饰面

　　两种质感完全不同的材料，人造大理石偏冰冷，木饰面偏舒适柔和，相互搭配出来的空间具有强烈的视觉冲击力。再通过材料色彩变化，可以轻易地营造出独具一格的现代风格空间。

◀光亮的大理石搭配黄色系的木饰面，塑造出强烈的冲突感。

典型装饰在精不在多

现代风格的代表性装饰品都比较个性，如果在家居中使用得比较多，不仅容易杂乱还容易失去温馨感，因此建议一个空间内选择一到两件典型的装饰品即可，少而精更具有艺术感和品位。

▲ 一盏造型夸张的台灯，完美强化了卧室内的现代气息。

工艺品与装饰画的主次搭配

主次搭配体现在，装饰画通常作为空间的主体，而工艺品则起到点缀效果。在具体的设计中，装饰画的颜色可以大胆且出彩一些，其体型也要比工艺品大一些；工艺品则需要有独特的设计感，但其色调不要盖过装饰画，其摆放的位置也尽量靠近边角处。

▲ 金色画框的装饰画成为背景墙的设计主题，而旁边的工艺品摆件则丰富了空间的内容。

镜面材料的几种设计技巧	
竖条纹墙面黑镜	一般不会大面积地在墙面中设计，而是局部的点缀，形成空间的设计亮点。同时黑镜能起到拓展空间的视觉效果
银镜吊顶	多数都会设计在层高较低的空间中，银镜不会很大，而是由很多小片组合而成，这样可以保证银镜与吊顶的粘合，不至于受重力影响而掉下来
镜片搭配金属收边	如一些钢化玻璃的隔断设计中，裸露的四边不好处理，还有可能划伤人。因此，用金属收边，同时也起到了加固玻璃的效果

第二章
简约风格

简约风格因包豪斯学院第三任校长的提倡而闻名于世。在设计上，继承了现代风格的设计理念与先进工艺，提出了艺术化的空间生活方式。在满足功能的基础上，做到最大程度的简洁，利用整体的比例变化与精湛的细节施工工艺，将设计与空间的功能性融合，营造出简洁而具有品味的空间设计。可以这样说，简约风格就是现代风格极简艺术化的集中体现。

风格材料 抛弃繁杂，回归质朴

要点速查

① 不论是石材、木地板，还是玻璃、壁纸及墙漆等材料，设计时都不会采用复杂的设计样式，而将重点体现在材料的本身质感上，来展现简约风格的设计品味。

② 木制材料包括地板、木饰面及柜体造型等，在简约风格中应用广泛，这主要是因为可以体现简约风格的柔和质感，呈现出舒适的空间氛围。

③ 简约风格的材料很少采用高亮度的，如大红色的墙面漆。因为这种色彩的材料会破坏空间的舒适感觉。当然，在局部或小面积的设计是可以的，不建议大面积设计使用。

④ 简约风格钟爱天然的材料，像天然大理石、实木材质等。这类材料都有着极其自然的纹理，在设计中，不需要设计造型，材料就可以体现出设计的美感来。因此，在简约风格中，经常看到整面墙的天然大理石、自然纹理木饰面，依着材料的天然纹理来装饰空间。

⑤ 简约风格在同一空间的设计中，不建议使用过多的材料，只要两三种主要材料相互搭配即可。

材料类别

01 天然木饰面

简约风格的木饰面与其他风格木饰面的不同表现，在于简约风格木饰面的表面不会有任何多余的造型，而只是将木饰面的纹理展现出来，体现自然、质朴的简约美。

设计要点

木饰面的纹理要精致、逼真，最好选择天然木材的木饰面。

02　布艺硬包

　　为了体现简约风格的舒适性，经常会在背景墙设计中采用布艺硬包，如沙发背景墙、床头背景墙等处。硬包表面的布艺材质会选择素色，不在上面设计一点纹理。

> **设计要点**
>
> 硬包的布艺材质选择粗线条的编织纹理，设计效果更具品味。

03　爵士白大理石

　　简约风格喜欢使用天然的大理石，因其纹理自然，容易传达出空间设计的品位。其中又以爵士白大理石的设计最多，会设计在墙面中、地面中，成为空间的设计主题。

> **设计要点**
>
> 爵士白大理石的造型设计要简单，以突出自然的纹理变化为主。

04　皮纹砖

　　皮纹砖是一种仿制皮革设计的瓷砖，四周设计有皮革缝线的痕迹，效果逼真。常用来设计卫生间及厨房，有时也会用在客、餐厅的主题墙上。

> **设计要点**
>
> 其表面的皮革纹理要自然、真实。

风格家具 | 极简设计与舒适性的结合

要点速查

① 简约风格的家具不受户型大小的限制，在小户型中也一样使用，并且可以为小户型留出许多的流动空间，提升家具设计的实用性。

② 像沙发一类的家具，通常会采用布艺材质多一些，因其可以提供舒适的坐卧感，并且布艺的面料也可提升空间的柔和感。

③ 大部分的简约风格家具，除了设计上的简约造型外，其色彩普遍偏近于中性色，如淡米色、浅棕色等等。其优点是在空间的整体设计中好搭配，其次是能提供温馨的空间效果。

④ 实木一类的家具，在形体上虽然看不出多复杂，但其细节则花费了大量功夫。因此，简约风格的实木家具，在市场中的价格都是很高的。家具的单品效果也极具艺术美感，摆放在空间中，可以提升空间的设计品味。

⑤ 简约风格在家具搭配设计时要注意，应分清主次变化，以一种家具为空间的主设计，然后再搭配其他类的家具。

家具类别

01 简约皮质、布艺沙发组合

沙发组合形式呈 1+2+3 样式，即一张三人座的主沙发、一侧双人座的沙发、一侧单人座的个性沙发。若主沙发的样式采用皮革搭配布艺的设计，其余沙发也会延续同样的材质设计。

设计要点

沙发组合的设计样式以简单、实用为主，简约美感则体现在精致的细节设计中。

02 大理石台面餐桌组合

该组合餐桌的结构是以实木为框架，在餐桌的表面铺设天然大理石，座椅则是采用皮革坐垫相搭配。餐桌组合的造型设计以简洁为主，突出圆润的棱角处理，提升使用的舒适感。

设计要点

餐桌桌面的大理石要纹理自然，且不要繁杂。

03 布艺沙发搭配实木茶几

布艺沙发加实木茶几的经典组合是简约风格中常用到的设计手法。布艺及实木都属于柔和形的材料，两者搭配，丰富家具设计的同时，可以提升家具的舒适坐卧感。

设计要点

浅色的布艺沙发搭配深色的茶几，或者深色的布艺沙发搭配浅色的茶几是比较好的选择。

04 双人床搭配单人座椅

双人床摆放在卧室的中心位置，单人座椅则是摆放在双人床对侧的一角，两者相互搭配提供使用的同时，丰富了卧室内的家具陈设设计，提升了空间的设计美感。

设计要点

黑色皮革的座椅与双人床的床头色彩呼应，形成设计上的联系。

风格软装 | 像艺术品一样的精致美感

要点速查

① 装饰画在简约风格的设计中很重要，在一面白漆墙面中悬挂一幅简约的装饰画，这幅装饰画便起到了主要的装饰效果。因此，装饰画的设计搭配是很重要的，不能随便地选择，应根据空间的整体设计来进行有针对性地选择。

② 布艺织物一类的软装，在纹理设计上不会很复杂，以简单为主。主要是通过软装材料本身的质感，来提升简约风格的设计品味。

③ 工艺品一类的软装，通常造型上都比较奇特、抽象，像艺术品一样。但其整体的设计又是简洁的，因此摆放在空间中，常常会起到提升空间艺术品位的效果。

④ 抛弃繁杂的造型，在软装的细节上下功夫，体现了简约风格的内涵。从表面来看，似乎觉得软装设计得很普通，经过仔细地观察，会发现设计是如此的精致，这便是简约设计能带给软装的效果。

⑤ 简约风格的软装并不等于简单，也不是设计一点花纹样式，而是要设计得恰到好处，软装的纹理样式既不多又不少是最理想的状态。

软装类别

01 简约黑框装饰画

装饰画的黑框造型是简洁的，通常内部会添加白色底纹，然后在中间加上绘画。形成黑色到白色到绘画的过渡，通过对比变化突出装饰画的装饰性。

设计要点

黑框装饰画可以组合的形式来装饰空间，形成一面整体的墙面设计。

02　素色地毯

为了符合简约风格的意境，简约家居中的地毯最常见的是素色无花纹的款式，色彩以黑、白、灰、棕色系较为常见，它既能够让利落简洁的家居层次丰富起来，又不会抢夺家具装饰的主体地位。

设计要点

地毯的形状可以与家具的形状相呼应，例如弧形沙发搭配圆形地毯。

03　纯色窗帘

不论是客厅的窗帘，还是卧室的窗帘，都不会在窗帘上设计复杂的花纹样式，而是以柔和的纯色为主，展现窗帘的简约美感，同时窗帘可以起到衬托空间设计的作用。

设计要点

若窗帘颜色与空间的色调处在同一色系，其装饰效果便更好。

04　单色床品

床品在卧室中的铺盖面比较大，为了体现出卧室的简约风格设计主题，床品往往会选择单色系，然后搭配简单纹理。其目的主要是为了突出床品的材料质感，来装饰卧室空间。

设计要点

床品的颜色不可过深，以免带给卧室压抑的感觉。

风格配色 | 以中性色突出舒适感

要点速查

① 简约风格的家居中，主色较多使用温馨的暖色系，而后是无色系中的白色和灰色，冷色系则较少作为主色使用。

② 简约风格善于使用中性色，不论是大红色、大紫色，经过色彩的加深或调浅，都能使色彩变成令人感觉舒适。

③ 米色系可以说是简约风格最常使用的一种配色。可以体现在家具的沙发、餐桌中，也可以体现在软窗帘、地毯中，通常都会大面积地使用，以突出空间的温馨色调。

④ 无色系的留白设计，对简约风格很重要。无论空间中设计了几种配色，其背景衬托色都需要白色。如大面积的白色墙漆，搭配米色、棕色的家具等等。

⑤ 不论简约风格的空间使用哪一种配色设计，其中心主题都只有一个，即传达出空间的温馨与舒适感，简化空间的色彩变化与对比。

配色类别

01 米黄色 + 无色系

米黄色地毯、床品 + 白色墙漆	米色地板 + 淡色纱帘	白色地面 + 米黄色实木门

从下到上，由米黄色渐变到白色，使卧室既沉稳又温馨	通过地板、沙发、窗帘不同材质所表现的米黄色调，丰富了空间的变化	以白色为主色调，米黄色木门点缀，空间看起来更具自然感

02 无色系黑、白、灰组合

白色墙面、家具 + 灰色点缀	灰色与白色穿插组合	灰色家具 + 黑、白色点缀

白色造型墙组合黑色和灰色搭配的家具，时尚而又具有层次感

灰色与白色穿插着用在墙面及家具上，雅致而简洁

深灰色的家具搭配白色和黑色作点缀，朴素而不乏层次感

03 无色系 + 单彩色

彩色墙面 + 白色家具	白色墙、家具 + 单彩色点缀	白色墙面 + 单彩色家具

红色墙面搭配白色家具及黑色地面，简约而热烈

作为背景墙的紫色烤漆板足够吸引眼球，米色的沙发也能淡化紫色墙面的视觉冲击力

纯净而简约的白色墙面，搭配一个单彩色的家具，对比鲜明、活泼却不乏简洁感

04 无色系 + 高纯度彩色组合

灰色家具 + 对比色组合	白色墙面 + 多彩色组合点缀	彩色家具 + 点缀彩色组合

灰色沙发搭配红色和绿色组合的点缀色，简洁而活跃

白色墙面上，搭配一幅含有对比色的无框装饰画，符合简约特征，且让视觉焦点更集中在中心位置

粉红色的沙发搭配带有其对比色的靠枕装饰，用色彩的组合为简约空间增添了快乐的感觉

搭配技巧

钢化玻璃搭配线帘

钢化玻璃通常是作为各空间内的隐性隔断使用。因玻璃的通透性，人们经过时常会忽略而不注意，设计中特意搭配上线帘，起到遮挡与提示的作用。实际设计中，这种搭配方式往往具有简约的美感，自然下垂的线帘柔化了玻璃的硬朗感。

▲ 采用钢化玻璃隔墙的主卫，通过黑色线帘起到遮挡与装饰作用。

白漆墙搭配木制柜体

白色墙漆通常为空间的主色，墙面也不会设计复杂的造型，而是在局部的位置设计木饰面柜体。可以是嵌入墙体的，也可以是悬挂在墙面上的。此种设计体现了简约风格的留白原则，体现了极简设计。

▲ 白色的墙面搭配淡米黄色的木质柜子，简洁的造型凸显简约特点，而整体配色又不乏温馨感。

餐厨一体式布局方式彰显宽敞感

餐厅与厨房结合在一起设计，是简约风格常见的设计形式，能够彰显宽敞感和简洁感。通常会将餐桌设计成吧台，可以是固定式的，也可以是活动式的，与厨房融合在一起，即方便烹饪又方便进餐。

▲ 小型条案放在沙发后方，避免了客厅的空旷感，且丰富了装饰内容。

石材搭配木饰面

　　简约风格的石材包括木饰面，一般会选择纹理简单且有质感的木饰面，搭配对比色的石材，以凸显空间的设计张力，常设计在电视背景墙及餐厅主题墙上。以石材为背景墙的中心，四周搭配设计木饰面，通过一冷一暖、一软一硬的对比，形成简约风格的独特美感。

◀ 黑色大理石与电视融合成一体，凸显在米棕色木饰面背景墙上。

石材搭配玻璃材质

　　质感硬朗的石材，搭配同样质感的玻璃类材料，如烤漆玻璃、彩镜等，往往会带给空间更多的理性色彩，很符合简约风格的特点。玻璃在简约风格中是经常使用的，并且多为无花纹的款式；石材则会选择带有中性色调、浅淡纹理的样式，形成互补，来增添空间的设计变化。

◀ 棕色的地面石材与白色的瓷砖形成空间的隐形分隔，钢化玻璃则增添了设计的时尚感。

第三章
混搭风格

混搭，即混合搭配，是将多种设计风格的特点集中于同一处空间，形成一种独特的、富有融合性的家居设计风格。混搭风格的设计没有固定的设计手法，但却有相同的设计目的，即创造出优秀的空间设计。因此，总结出多种设计风格的特点，并将相通的设计思路运用在混搭空间中，即可设计出搭配合理、充满品味的空间。

风格材料　不受局限的多种材料搭配设计

要点速查

① 各种材料在混搭风格空间中的设计运用，是不受局限的。但这并不是说，可以随意地使用材料，而且完全不考虑材料之间的搭配关系，这只会导致设计出四不像的空间。可以在空间内设计各种风格的材料，但关键的是彼此间的相互融合，集合各种材料的优点来设计。

② 在具体的混搭风格空间中，材料的选择应遵循一些原则。一些材料的质感强烈，就要搭配质感柔和的材料，如玻璃材质的硬朗搭配木饰面材质的柔和。

③ 材料的搭配需要掌握主次的空间变化。混搭风格空间之所以具有设计感而且不显杂乱，其原因在于材料的使用有主次变化，将一种材料设计为空间的主色调，而其他材料则是起到辅助搭配的作用。

④ 一些设计材料，可以完全按照空间主人的个人喜好来选择，然后再搭配其他的设计材料。这样可以设计出令空间主人满意且效果精美的空间。

材料类别

01 深色调高光泽地砖

混搭风格设计得成功，需要有一种最基本的材料来融合各种材料设计。通常是地面的瓷砖，即选择深色调的高光泽地砖，可以融合各种元素的材料，使空间形成一个整体。

设计要点

地砖深色调的程度，取决于空间内材料的类别与色彩。

02 调色乳胶漆

乳胶漆涂刷的墙面占有大量的空间面积，基本上墙面的主体都是由乳胶漆构成的。混搭风格则根据空间的需要，将乳胶漆涂刷成各种适合空间的基本色，形成空间设计的背景。

设计要点

墙面乳胶漆的颜色要有特点，而不是那种平庸的、不引人注意的颜色。

03 自然纹理木地板

混搭风格喜欢将木地板铺设在客厅中，然后搭配各种风格的家具，使空间形成一种大融合的设计感。木地板的自然纹理为空间增添更多的设计变化，丰富空间的视觉效果。

设计要点

木地板的颜色一定要与沙发等家具有差异性，使地板从设计中凸显出来。

04 木饰面

设计要点

具体运用方式，可根据混搭的风格特征来决定。

木饰面在混搭风格的家居中有两种运用方式，一是保持原有纹理涂刷清漆，一是涂刷混油，多为白色。造型设计上强调创新和融合。

风格家具 | 特点鲜明又不显得突兀

要点速查

① 混搭风格的家具通常都是具有鲜明特点的，体现在制作造型上、细节工艺上、漆面色彩上等等。虽然与传统的家具设计不同，但摆放在空间中却极具美感，这便是典型的混搭风格家具。

② 沙发是最能体现混搭设计的家具之一。因为沙发通常是以组合的形式出现的，这便提供了多种的混搭设计可能性，可以设计出多种的样式。

③ 在一些混搭家具的设计中，会将两种不同设计风格的家具工艺，设计在同一款家具中，使家具的独特性彰显出来。若设计得精美，那么摆放在空间中就像一件精致的工艺品。

④ 在辅助性家具的设计中，有两种情况。一种是设计得复杂且有创意，使其成为空间内的视觉亮点；一种是设计得简单且普通，在空间中起到衬托作用。

⑤ 想要家具具有混搭风格的特点，最重要的是家具之间的彼此对比与搭配，形成强烈视觉冲击力的同时，其内在却有着设计上的呼应。

家具类别

01 复古做旧装饰柜

因为这种柜体的样式都具有鲜明的特点，可以成为混搭风格空间中的亮点家具。通常适合搭配简约一些的沙发、餐桌等家具，共同营造空间的设计感。

设计要点

复古做旧柜体属于空间内的辅助家具，不建议选择太大的。

02 造型各异的沙发组合

　　混搭风格沙发的设计还体现在独具一格的造型上，如中式的木墩座椅搭配简约风格的茶几，主沙发则采用舒适的现代布艺沙发。这种沙发组合是最适合设计在混搭风格空间内的。

设计要点

虽然沙发的造型各异，但还要有相互间的融合与互补。

03 融合中式柜的欧式双人床

　　双人床的设计样式依据了欧式设计的特点，但在床头柜的搭配上，则选择了具有浓郁中国特色的柜体，共同形成混搭风格双人床。

设计要点

中式床头柜的设计上要有欧式的元素，使其更好与双人床融合。

04 中西结合式沙发

　　有两种方式。一种是中式沙发搭配欧式沙发，形成中西式的沙发组合；一种是在一款沙发设计中，将中式沙发的样式与欧式的工艺特点相结合。

设计要点

中西结合式沙发对空间设计的匹配度要求很高，选择时需要恰当才好。

风格软装　特点鲜明又不显得突兀

要点速查

① 软装的设计与选择没有太多的局限性。可以是简洁样式，也可以是设计复杂的样式，重点在于软装的搭配运用上。

② 一般简洁类型的软装，在混搭风格的空间设计中最不容易出错，可以很好地融入在其中。但这也是利弊共存的，因为简洁软装缺乏自身的特点，也就不能从空间中凸显出来，成为设计亮点。

③ 像地毯、桌布一类的软装，其设计样式越复杂越好。这类软装的体量较小，不会影响空间的大局。设计得有特点，则会为空间带来丰富的装饰效果。

④ 像窗帘、床品一类的软装不适合太繁复的样式。窗帘与床品基本已经构成了卧室百分之八十的面积，如设计得太繁复，会显得杂乱，且覆盖掉了其他家具的混搭亮点。

⑤ 选择各种类型的软装有一个大原则，即在具有差异化的同时，有着设计上的联系，使其搭配在空间中不显杂乱，却又具有丰富的设计感。

软装类别

01 简洁框架的装饰画

简洁框架的装饰画不受空间其他装饰材料、家具、软装的限制，可以设计在各种混搭风格的空间中，而且与空间内的其他软装搭配也不会有一点的不协调。

设计要点

装饰画的框架虽然简洁，但其内容要与空间相协调。

02 仿动物毛皮地毯

仿动物毛皮设计的地毯很适合混搭风格的空间，不论是搭配空间内的其他软装还是家具，地毯都会保有自己鲜明的特色，成为空间内的一道设计亮点。

设计要点

地毯的样式不受限，但其色调不可太突出，而是应当随顺空间的色调。

03 纯色调窗帘

窗帘在混搭风格空间中，起到的主要作用是衬托空间内的其他软装，而不是成为空间内的主要设计点，不然混搭风格的空间会显得杂乱，失去空间的融合感。

设计要点

纯色调窗帘的色调偏深或偏浅都很好，但不要平庸且没有特点。

04 花纹地毯

不同于窗帘衬托空间的作用，地毯则是需要在空间中凸显出来。因此，地毯的花纹越复杂越好，设计样式越多，也就可以起到越丰富的装饰效果。

设计要点

花纹地毯的设计样式需要与家具搭配。

风格配色 | 大胆而强烈的视觉冲击

要点速查

① 混搭风格表现在配色方面是大胆且喜爱创新的，常将两种具有强烈冲击效果的色彩设计在一处空间。巧妙的是，色彩所依附的材料有区别，因此看起来会具有观赏性，而且能展现出混搭风格的美感。

② 对比色的运用，是混搭风格配色的一大特点。不论是红、黄、蓝、橙各种颜色，在混搭风格的空间中，都会得到恰当运用。

③ 沉稳或者内敛的背景色对混搭风格很重要。像家具、布艺软装这类材料的配色往往是很大胆的，就需要沉稳的背景色来综合色彩，使空间既具有跳跃的颜色，又不显得突兀。

④ 混搭风格的配色应结合具体的材料来搭配。色彩在不同材料的表面，所展现出的感觉也是不同的。因此，色彩搭配也需要看材料的类型。

⑤ 混搭风格的配色设计应有主次变化，作为主要色调的颜色则不要太突兀与明亮，偏于中性色会更好一些，设计出的空间也会更显舒适与温暖。

配色类别

01 跳跃色 + 深色系

黄、青、紫 + 深色背景	黄、蓝色点缀 + 深灰色沙发	红、青、蓝色 + 深色木地板

沙发的主体采用深色为背景，搭配三种艳丽的色调，活泼可爱	深灰色沙发上，搭配跳跃的黄色和蓝色点缀，增添活跃气氛	以深色木地板为卧室的衬托色，红、青、蓝的变化就显得沉稳多了

02　中性色 + 纯色系

橙黄 + 中性色背景	黄色、橙色 + 灰色家具	天蓝 + 棕黄色背景

橙黄色极其跳跃，但在中性色的红砖墙面下却显得自然舒适

黄色装饰画与橙色显得非常活跃，灰色的椅子压制了部分活跃感

实木家具及地板的中性色调，将天蓝色墙面沉稳下来

03　绿色系 + 棕色系

绿色墙面 + 棕色系家具	棕色 + 绿色点缀	棕色家具 + 绿色家具

在淡米色墙漆的衬托下，背景墙成为空间视觉主题

棕色墙面、家具与绿色布艺搭配，使东南亚与田园风格完美融合

嵌入墙面的棕色柜体与淡米色墙漆形成强烈对比

04　对比色 + 无色系

红、黄、蓝 + 白漆墙漆	亮黄色、宝蓝色 + 白色地面	橙黄、天蓝 + 白色墙漆

大面积的蓝色、黄色，期间点缀红色，在白色的背景墙衬托下更显活泼

对比色组合的座椅，在白色地面的衬托下，显得尤为突出

天蓝色窗帘与橙黄色扶手遥相呼应，白色墙漆则是中间的过渡色

搭配技巧

红木地板搭配仿古砖分隔空间

　　混搭风格的材料运用总是很大胆，像平常的木地板搭配瓷砖，也会传达出混搭风格的独特新意。既创造出强烈的视觉冲击，在冲击中又保留着设计的融合。其中，红木地板与仿古砖便是两类差异极大的装修材料，但设计在混搭风格的空间中却很合适，这主要源自于空间的棕色调是沉稳且内敛的。

▲红木地板表面的凹凸质感与仿古砖一致，形成丰富的地面材料搭配。

▲立柱与垭口全部采用岩石砖粘贴，对空间容易产生磕碰的棱角进行保护。

粗犷岩石砖搭配白漆墙面

　　视觉上的差异是混搭风格表现设计的一个重要技巧。通常会选用两种差异极大的材料，像粗犷的岩石砖与质感柔和的白漆墙面，是粗犷与细腻的对比、硬朗与柔和的对比。这样设计出来的空间，拥有足够的创意，而且在这样的空间内生活，是不会产生审美疲劳的。相反的，会越来越感觉到空间的混搭美感。

红砖搭配文化石

　　在混搭风格的石材搭配中，常会将红砖与文化石搭配在一起设计。这两种石材有着相同的特点，即表面的粗犷与自然质感；不同的特点是，红砖的设计更多的是展现理性美，文化石则是通过错落与复杂来展现美感。因此，这两种材料设计在混搭风格的空间中，具有极融洽的设计美感，可以为空间设计增分不少。

▲ 金色画框的装饰画成为背景墙的设计主题，而旁边的工艺品摆件则丰富了空间的内容。

地板吊顶搭配彩绘墙面

　　不按常理出牌，是混搭风格设计中的一种搭配手法。将木地板设计在吊顶中存在很大风险，设计得不好会带给空间很大的压抑感，但在墙面中设计彩绘则会弱化木地板的压抑感，将空间设计的重点集中到了墙面上，实现两种装修材料的互补效果。

▶ 床头背景墙面的彩绘十分浓烈，吊顶的深色木地板则成为一个衬托材料存在。

第四章

中式古典风格

中式古典风格有着悠久的历史传承与浓郁的文化特色，继承并发扬了中国传统室内设计的精髓，吸取了传统木构架建筑室内的藻井、天棚、挂落、雀替的结构和装饰，以及明、清家具的造型和款式特征。中式古典设计风格，是中国人含蓄气质的体现，是古人对居住环境的研究与追求，其精雕细琢的家具细节、文化气息浓郁的软装陈设，共同营造出高贵且具有品味的人文空间。

风格材料　　大量实木材料的设计与运用

要点速查

① 无论是什么类别的材质，设计在中式古典风格的空间中，多数情况下都会选择木纹的纹理样式，来体现中式古典风格空间的自然质感。

② 木饰面材料基本会设计在每一处中式古典风格空间，无论是在墙面上大面积的粘贴，还是呈线条样式地设计在吊顶中。

③ 中式古典风格的实木地板通常以深色调为主，并搭配空间的家具，形成设计上的呼应，突出空间整体感。

④ 墙面材料设计中，运用到布艺材料的像硬包、软包等，会在布艺的表面绘有中式主题的画作，来丰富空间的设计，提升空间的设计品位。

材料类别

01 红木木饰面

中式古典风格偏爱红木材质的木饰面，来设计空间的墙面及吊灯。经过木饰面大面积的设计，营造出木质结构房屋的设计感。

设计要点

设计在墙面中的红木饰面应注意边角收缝的处理。

02　中式山水布艺硬包

　　不同以往的硬包造型，中式古典风格的硬包，会在硬包的表面绘有中式的山水图案，以增添空间的文化氛围与艺术品位。

设计要点

水墨画材质的山水布艺硬包更有中式的韵味。

03　实木地板

　　实木地板通常用在卧室中，并且采用深色纹理样式，以突出空间的复古设计感。当然，一些带有凹凸材质的地板也是很受欢迎的。

设计要点

实木地板的色调最好与空间中的实木家具相互统一，会更具整体感。

04　高光泽木纹地砖

　　地砖表面具有木材一样的纹理，而且具有较高的光泽度，通过反射作用，提升空间的纵深感。但木纹地砖的颜色并没有限制，可以是深色调也可以是浅色调。

设计要点

木纹地砖可以与家具有很大的反差，但一定要与墙面色调相贴合。

风格家具 传统且精美的文化造型传承

要点速查

① 中式古典风格的家具有样式厚重、造型繁复的清式家具，摆放在空间中极具富贵感。适合这类家具的空间一般具有较大的面积，并且不会因为摆放几件清式家具而变得拥挤不堪。

② 明式家具偏简洁一些，因此在空间设计中，明式家具往往以配角的形式出现。如明式太师椅这类的单人座椅或者书桌、条案等。

③ 餐桌在中式古典风格的设计中，在空间面积允许的情况下，通常会搭配圆形的餐桌，以呼应中国的传统文化，寓意家庭团圆、和睦。

④ 要想体现出空间的中式古典设计感，势必要多采用一些繁杂雕花工艺的家具，以此来烘托空间的复古感，与精致的生活品味。

⑤ 家具的搭配中，清式家具是可以与明式家具搭配在一起设计的，但要分清主次分布。一般是以清式的家具样式为主体，辅助搭配明式的家具。

家具类别

01 精美雕花家具

带有精美雕花设计的实木家具，属于清式风格家具。其以展现实木家具精湛的雕刻细节，来体现空间的奢华、高贵的设计品质。

设计要点

雕花造型的家具，主要是看雕花造型的统一性。

02　圆形实木餐桌

　　传统的中式实木餐桌都是圆形的，象征着家庭团圆和睦。因此，在空间中摆放圆形的实木餐桌，可以提升空间浓厚的中式氛围，若餐桌的边角带有雕花造型，则效果更好。

设计要点

圆形餐桌占地面积较大，应根据餐厅的大小进行合理地选择。

03　明式简洁家具

　　明式传统的家具，其形体上以简洁为主，很适合现代人对审美的需求。在空间多摆放这类的实木家具，可使空间的中式韵味更加浓厚。

设计要点

为了避免明式家具的空间偏近于新中式，应摆放其他复杂雕花设计的家具来搭配。

04　清式厚重家具

　　厚重感与尊贵感是清式传统家具的特点。摆放清式家具的空间一般需要较大的面积，不然家具摆放之后，会显得空间过于拥挤。

设计要点

清式家具搭配金黄色的丝绸坐垫，可使空间充满高贵感。

风格软装　带有传统文化图案的装饰

要点速查

① 中式古典风格的软装以传承中国传统文化为基点，将不同传统文化的形式融合设计在软装中，使软装具备装饰性的同时，提升人文空间的高雅品位。

② 布艺一类的软装，喜欢采用米黄色系来设计，以突出空间的富贵感。同时，根据空间造型设计的繁复程度，又有带纹理与不带纹理的两种样式选择。

③ 想要将空间设计得具有文化品位一些，适合在空间中悬挂名家书写的毛笔字画，可以用精致的画框装裱起来，摆放在空间的中间位置。

软装类别

01 中式屏风

中式古典风格的屏风分别有雕花造型与绘画艺术，两种不同屏风有完全不同的装饰效果，一种造型精致，一种色彩艳丽。

设计要点

中式屏风可以作为背景墙装饰，也可设计为空间的隔断。

02 青花瓷台灯

青花瓷原本是装饰品，将其与台灯结合在一起设计具有创新性，是将装饰与实用性进行了结合。摆放在空间中的青花瓷台灯，往往可以成为空间装饰的亮点。

设计要点

若空间的整体色调偏暗，则青花瓷台灯的装饰效果便越突出。

03 中式毛笔字装饰画

名家书写的毛笔字用精致的画框装裱起来，然后悬挂在中式古典风格的空间作为软装饰，提供给空间极佳审美的同时，还具有增值性。

设计要点

装裱后的毛笔字装饰画，适合摆放在引人注目的地方。

04 典雅黄色无纹理窗帘

采用典雅黄色作为窗帘的主色调，往往能带给空间富贵的感觉。窗帘的布艺上不设计纹理样式，可使空间拥有静谧的感觉。

设计要点

窗帘选择无纹理的样式，需要空间内的其他装饰设计得很丰富才行。

风格配色   雍容富贵的空间色调

要点速查

① 中式古典风格的空间配色，无论空间内设计了何种颜色，永远少不了代表富贵色的金色。或者是偏浅淡一些的米色，或者是偏深沉一些的棕黄色，都是金色的变化。

② 善用深浅对比色来烘托空间的纵深感，是中式古典风格设计的特点。可以全黑对全白的空间配色，也可以是深棕色对米黄色的温馨对比色。

③ 色彩设计在不同的材质表面，其色彩所展现出的也是完全不同的质感。因此，同一种色彩设计在空间中，也可以有多种不同的装饰变化。

④ 利用实木的原木色调，来构建空间的主色调，使空间充满浓郁的中式古典风。

⑤ 不同色彩之间的搭配，应掌握两条原则。一是主次的色彩变化，像中式古典风格常以金色作为空间的主色调；二是利用色彩的过渡变化，烘托空间的立体感、纵深感，使空间在配色上形成由下到上、由深到浅的自然变化。

配色类别

01 红木色 + 米黄色

红木色家具 + 黄色中式壁画	黑漆家具 + 米色墙漆	红木家具 + 黄色灯光

黄色壁画与红木清式家具融合成一体，展现了空间的复古风潮	米色调温馨黑色沉稳，两者的结合使空间有了主次的色彩变化	通过黄色灯光的照射，红木家具的质感得到完全的展现

02　黑色＋白色

黑色窗棂＋白色墙漆	黑色地板＋白色墙漆	白色墙漆＋黑、黄点缀色

大面积的白色搭配点缀变化的黑色，形成中式古典风格所特有的黑白调空间	由地面向上渐变的黑色与白色，使得卧室空间沉稳且内敛	白色与黑色之间，一点的黄色使空间色彩变化得到了升华，提升了空间的富贵感

03　金黄色＋黑、灰色系

棕色背景墙＋淡米色墙漆	金色漆＋红、青点缀色	黑色家具＋米黄色墙漆

金黄色与黑色漆面组成的中式屏风，丰富感十足	三种颜色构成的中式花鸟装饰画，是空间内绝对的设计主题	黑色家具在大面积的米黄色背景下，已经不显得沉闷

04　原木色＋浅色系

米黄色＋棕色原木色家具	棕色橱柜＋米色墙砖	棕色衣帽柜＋黄色壁纸

从地面到墙面的主体均以米黄色为主，与棕色实木家具对比，增添了空间的纵深感	厨房之所以有如此的立体感，是因为橱柜选择了深沉的棕色调	棕色衣帽柜与黄色壁纸搭配，具有古雅韵味但不沉闷

搭配技巧

清式双人床搭配中式矮柜

在卧室中摆放清式风格的双人床，就已经将空间内的中式古典氛围烘托了出来。为了提升卧室空间的多功能性与实用性，会同时搭配带有雕花造型的中式矮柜，呼应家具的设计。在清式床与中式矮柜选择同样色调与纹理的情况下，卧室内的设计整体感会增强，给人一种回到中国古代家居空间的感觉。

▲床头精致的中式雕花图案搭配矮柜的细节雕花纹理，形成造型上的呼应。

系列设计的中式书柜、书桌、座椅

在书房空间的家具搭配设计中，为了使空间拥有良好的整体性，保证设计的连贯性，会设计同系列的家具，包括中式书柜、书桌及桌椅。这三种主要的家具在造型设计、材料纹理、色调变化上都是统一的，让书房具有古朴的设计感。

▲拥有精致雕花造型的书桌以及座椅，具有高贵、奢华的设计感。

博古架搭配圆形茶桌

中式古典风格的博古架，中间的位置是圆弧造型，若用在餐厅或茶室中可搭配圆形的桌与凳。可使空间保有良好的设计延续性，从一处圆弧造型过渡到另一处圆弧造型，加上方正的户型，传达出方圆的传统文化内涵。

宽大卧室可摆放罗汉床

选择采用中式传统风格的户型都比较宽敞，如果卧室的长度有空闲时，可以加入一张罗汉床，将其靠一侧的墙面摆放，与卧室床呈平行的布局。罗汉床既可用于坐卧，还可充当小型的茶室。

▲ 博古架采用清式造型，圆形茶桌则采用了明式造型。

▲ 罗汉床取代沙发，更符合中式风格的意境。

清式太师椅搭配中式角几

清式风格的太师椅造型更偏圆润，且在家具各处均设计有精致的雕花造型。而中式古代风格的角几则拥有细高的造型，上面通常摆放青花瓷等中式传统瓷器。这两种家具的搭配经常会摆放在过道处或者相对小的空间内，为人们提供休息的同时，提供精致的观赏性。

▲ 太师椅的圆润与中式角几的细长形成趣味的对比，颇具艺术感的家具组合。

第五章

新中式风格

新中式风格，是现代风格与中式传统风格相互融合下的产物。两种设计风格虽然形态各异，但其设计理念则有相通之处，这为新中式风格的诞生提供了必要的条件。另一方面，新中式风格既可以满足人们对中国传统文化的追求，又可以满足现代人的审美趣味，成为越来越受大众欢迎的一种设计风格。

风格材料 新型材料体现中式传统审美

要点速查

① 新型材料在新中式风格空间内的运用是频繁的，与中式古典风格形成明显的区别。但新型材料的设计样式是遵循中国风的，形成一种设计上的创新与独特性。

② 无论是什么样的材料，其需要遵循两条设计原则。一是设计上的极简特质，不要复杂的设计样式；二是造型上的中式传统，不需要造型与中式传统造型完全一致，但要做到神似。

③ 材料在具体的设计中，要注意彼此间的搭配。像不锈钢材料常搭配镜面材料一同出现、雕花格常搭配质感柔软的布艺壁纸、实木材料则搭配天然石材等，在冲突与融合中形成设计上的统一。

④ 木饰面材料在新中式风格空间中的设计是必不可少的，但值得注意的是，木饰面很少大面积设计，而是以局部点缀设计为主。

⑤ 先进的现代工艺手法，是体现新中式风格材料设计的一个重要手段。其可以将传统的中式材料进行工艺上的变化，使其符合现代人的审美习惯。

材料类别

01 素色凹凸纹理壁纸

新中式风格的家居中，纯粹的白墙很少见，多会使用一些素色的带有微小凹凸纹理的壁纸来代替白墙，烘托古雅的气氛。

设计要点

素色壁纸多为浅色调，即使大面积使用也不会让人觉得暗沉。

02　原木色木饰面

新中式风格的木饰面不采用大面积设计，而是小面积的点缀设计，意在突出设计的创新，增添空间的设计变化与丰富度。

设计要点

木饰面的原木色选择需要与空间的整体材料相搭配，不要太跳跃。

03　新中式花鸟画壁纸

在色调的变化与具体的纹理设计上，新中式花鸟画壁纸的样式都是创新的，符合现代人审美习惯。通常会大面积贴满一面墙，成为空间的设计亮点。

设计要点

花鸟画壁纸的纹理避免过于繁杂与混乱，应以简洁来呼应新中式的设计主题。

04　天然石材

天然石材包括天然的大理石、板岩石、花岗岩等等，主要是突出石材的自然纹理，而不是人为制作的造型设计。与新中式风格的设计主题相吻合，突出空间的自然美感。

设计要点

新中式风格提倡极简的材料设计，因此天然的石材纹理也应以简洁为主。

风格家具 | 传统文化与现代工艺的结合

要点速查

① 新中式风格的家具非常好辨认，其外形上具有现代风格的极简造型，材料运用及细节设计上则沿袭了中式风的设计传统。这类家具拥有出色的设计感，摆放在空间中常能起到提升空间设计感的效果。

② 像一些具有代表性的中式风家具，如太师椅、实木四柱床、罗汉床等，与其他的偏现代感的家具搭配在一起设计，形成属于新中式风格的带有独特性的家具设计。

③ 沙发、餐桌、床具的样式，最好进行统一的搭配设计，使彼此之间形成设计上的呼应。新中式的空间，客厅与餐厅往往是一体的，沙发与餐桌设计上的呼应，可提升空间的整体性。

④ 柜体一类的实木家具，不会选择在表面涂刷搭配中式风格的图案，而是采用简洁的设计样式，最多会在拉手上设计得繁复一些。

⑤ 新中式风格的家具往往和墙面造型一同搭配，才能体现出家具的设计美感。因此，最好先选定好家具，再进行墙面的设计。

家具类别

01 布艺结合太师椅的沙发组合

主沙发的样式采用坐卧感舒适的布艺沙发，侧边的沙发则选择明式的太师椅，这种搭配设计的沙发组合构成了新中式空间的主要设计亮点。

设计要点

布艺沙发的形式要在细节上呼应太师椅的设计，不然则显得突兀且不协调。

02 圆形实木餐桌

圆形实木餐桌通常不会很大，并且造型上也很简洁，属于现代风格的制作工艺，但在餐桌的选材及细节设计上，则突出了中式风的精髓。

设计要点

一些方正的餐厅空间适合摆放圆形实木餐桌，狭长的餐厅则不适合。

03 实木四柱床

新中式风格的实木四柱床以简洁的设计样式为主，突出四柱床的线性美感。往往四柱床的实木材质是深色调的，然后搭配浅色调的床品及帘幔等。

设计要点

实木四柱床对卧室的层高有要求，过低的层高并不适合摆放实木四柱床。

04 实木软包双人床

双人床的外框采用实木包裹，床头内部则设计面包状的软包，其总体造型看起来简洁大方，并具有线性的美感，并且有易于搭配床头背景墙的优点。

设计要点

在设计床头背景墙的情况下，软包床头最好偏小一些，以突出背景墙的设计。

风格软装 | 颇具艺术美感与舒适感

要点速查

① 具有强烈的艺术性是新中式风格软装的整体特点。尤其像工艺品、装饰画等小件的软装，从设计外形到设计用材都颇具品质，摆放在空间中，可以提升空间的设计质感。

② 布艺一类的软装，如窗帘、床品、抱枕、地毯等，整体上以展现理性美为主，即强调简洁的艺术美感。

③ 同一空间内，若窗帘的样式及纹理简单，则床品适合选择带有中式纹理样式的；若沙发组合的样式简单，抱枕则适合带有印花图案造型的。

④ 装饰画对新中式风格的空间设计很关键，对其设计有几点要求：一是外框及内容的材料选用及设计上要创新；二是装饰画的设计要成套地搭配出现在空间；三是简洁的艺术美感，若装饰画缺少必要的美感，则装饰在空间中会失去其本身的意义。

⑤ 软装的搭配要设定好数量与位置，不可在空间中摆放太多，也不可随意地摆放搭配。应根据具体的设计与空间的留白来搭配，以起到事半功倍的装饰效果。

软装类别

01 无纹理窗帘

窗帘的样式简洁，并且很少设计有繁复的布艺纹。在窗帘的边角处，会设计中式风的花边造型，以补充窗帘的设计特点。

设计要点

无纹理的素色窗帘，适合设计在内容丰富的空间中。

02　中式印花抱枕

在抱枕的图案设计上，会印有中式风的图案，可以是花鸟山水图、水墨毛笔字、中式建筑图案等。其装饰效果突出，丰富空间的设计细节，提升设计品质。

设计要点

若抱枕的样式繁复，则沙发的样式从简，这样才能突出抱枕的设计亮点。

03　中式造型工艺品

在新中式风格的空间中，工艺品对空间装饰的重要性远超过其他设计风格。新中式空间的设计偏近艺术性的简洁，因此需要工艺品来烘托空间的主题。

设计要点

无论是什么材料制成的工艺品，其形状一定要具有中式风的特点。

04　中式艺术装饰画

装饰画的形状一般较大，有时会占满大部分的墙面，替代掉墙面的造型，成为主要的墙面装饰设计。装饰画从外框到内容的设计上，都突出了创新的特点。

设计要点

若墙面造型简洁，装饰画选择大幅的较好；若墙面造型丰富，装饰画选择小幅面的更佳。

风格配色　带有中国风的大胆与创新配色

要点速查

① 为了与中式古典风格有明显的区别，新中式风格在配色上更加大胆且明快，符合现代人的审美。

② 新中式风格擅于将高纯度的明亮色穿插设计在空间中，有时是大面积的涂刷设计、有时是设计在软装上作局部的点缀。不论是哪种设计方式，都会为空间增加轻快、时尚的色调，以体现新中式的创新设计。

③ 对比色大量运用是新中式风格的一个特点。会将纯度较高的蓝色、黄色、红色放在同一处空间设计，形成强烈的视觉冲击。

④ 舒适且沉稳的中性色，是新中式空间必不可少的色彩基调，无论空间的配色怎样变化，都会在空间内适当设计中性色，以提升空间内的温馨感。

⑤ 浅色调与深色调的搭配设计，在新中式风格中是常见的，通常空间以大面积的浅色调为主，然后再搭配深色调来点缀空间，增加空间的纵深变化。

配色类别

01 蓝色＋黄、红、绿配色

水墨蓝＋黄色家具	中国红＋蓝色工艺品	青花瓷蓝＋黄色窗帘

客厅以大面积蓝色为主题，搭配令人愉悦的黄色，极具创意	这里的蓝色作为配色出现，烘托中国红的餐厅主题	青花瓷蓝的卧室清新且富有艺术气息，淡黄窗帘色增添了温馨感

02 黄色 + 白色系

黄色点缀 + 白色背景	黄色地毯、配饰 + 白色沙发	黄色树枝 + 白色陶瓷

床单抱枕上的黄色花朵及中式图案，在白色的映衬下更显精致	黄色呈多处点缀的样式出现，在白色沙发上显得尤为突出	白色陶瓷搭配黄色树枝，既有中式样式，又融合了现代人的审美

03 浅色系 + 深色点缀色

淡粉主题色 + 黑色不锈钢线条	金丝淡米色 + 黑色餐桌	米色墙面 + 黑色线条

大面积的淡粉色容易显得轻浮，黑色线条的点缀则加深了纵深感	墙面造型、餐桌椅均采用了淡米色，搭配黑色餐桌时尚感十足	卧室从墙面到床品都以浅色为主，黑色线条则弥补了空间的色彩变化

04 亮色系 + 中性色

天青色 + 沉稳黄色	天蓝色 + 米色调	亮黄色 + 透明色

卧室墙采用沉稳的黄色略显沉闷，加上天青色刚好提升空间的活力	电视背景墙的天蓝色足够吸引眼球，米色则起到烘托的效果	亮黄色陶瓷台灯在透明色角几的映衬下，十分吸引人的眼球

搭配技巧

布艺硬包搭配反光黑镜

布艺硬包偏柔软，反光黑镜则偏硬朗，两种材料有较大的差异性。新中式风格擅于将差异性较大的材料设计在一起，突出空间的创新与独特性。布艺硬包搭配黑镜的设计一般会作为床头背景墙出现，设计为沙发背景墙或电视背景墙的情况则很少。在具体的设计中，布艺的材质颜色最好与黑镜形成呼应，减少色彩的跳跃，而去寻求统一的色彩。

◀条纹型的布艺硬包与黑镜具有理性的设计美感，作为床头背景墙也足够吸引人的眼球。

木饰面搭配壁纸

在墙面中单独设计木饰面，很难将木饰面的质感完全体现出来，若在墙面中粘贴布艺壁纸，那么会和木饰面形成良好的设计呼应，增添空间的柔软质感。具体地搭配设计时，木饰面是带有自然纹理的，壁纸则选择无纹理的中性色较好，这样可以将木饰面突出出来，形成主次变化。

▲深色的木饰面搭配浅色的墙面壁纸，是较为经典的搭配形式。

实木线条搭配石膏板吊顶

典型的新中式吊顶设计，便是将深色系的实木线条镶嵌在白色的石膏板吊顶上，形成强烈的视觉反差，使吊顶上的实木线条可以呼应墙面的设计，突出空间设计的统一性。实木线条的样式要偏于简洁，且纹理也不要过于繁复，这样搭配出来的吊顶设计才更有艺术美感。

实木材料搭配天然石材

将这两种完全不同类型的材料搭配在一起是很需要技巧的。新中式风格的空间也擅于将这两种材料搭配设计，通常将实木雕花格与天然石材搭配在一起，形成多变的空间效果。在两种材料的纹理及色调上，强调对比与变化，即色彩上有较大的反差，但在纹理上有一定的继承或延续的设计效果。

▲棕黑色的简洁实木线条设计在吊顶中，强化了空间的线性美感。

▲ 同属于深色系的天然石材与实木雕花格，大面积铺设的石材拥有更浅的色调，有利于提升空间的明亮度。

第六章
欧式古典风格

欧式古典风格的诞生历史悠久，从罗马风格、哥特式风格、文艺复兴风格、巴洛克风格、洛可可风格到新古典主义风格，可划分出六个重要的时期。随着西方历史的不断演进，巴洛克风格与洛可可风格成为欧式古典风格的典型代表。巴洛克风格追求不规则的设计形式、起伏的线条以及宗教和宫廷室内奇异的装饰；洛可可风格则善于利用明快的色彩和纤巧的装饰，家具也非常精致且偏于繁琐，使空间给人极为丰富的视觉感受。

风格材料 | 繁复且精致的造型设计

要点速查

① 设计在欧式古典风格空间内的材料，普遍有一个共同点，即样式上的复古且繁复的雕花工艺。虽然材料看起来有些繁杂，但却具有精湛的设计美感。

② 天然大理石一类的石材是欧式古典风格所偏爱的设计材料，其本身自然高贵的纹理特质与欧式古典风格完美融合，易于体现出欧式古典风格空间的奢华气质。

③ 欧式线条可以说是空间造型的主要组成部分，多数的造型都是用欧式线条来进行分隔设计的，比如在欧式线条的内部设计软包、镜面材质、大理石等材料。

④ 一些纹理繁复且具有美感的材料，是欧式古典风格所偏爱的，无论是设计在空间的哪一处，都很容易与空间内的其他材料相互搭配组合。

⑤ 材料在空间内的设计与运用应注意搭配及数量的分配。比如，一处空间内的大理石运用得较多，那么镜面等反光材料则要少用，而应该多设计一些实木材质来提升空间的舒适度。

材料类别

01 银镜与不锈钢搭配的墙面材料

欧式古典风格擅于利用银镜及不锈钢设计墙面造型，设计样式不是简洁性的，而是颇复杂且极具美感的。这两种材料也是欧式古典风格中常见的设计材料。

设计要点

为了避免银镜与不锈钢的设计流于现代感，在造型及搭配上常以复杂为主。

02 欧式雕花材料

欧式雕花造型的样式有多种，但无论花形上怎样变化，都是遵循欧式古典的设计传统。在材料的表面，通常会涂刷有金漆等漆面。

设计要点

雕花材料可以设计在墙面、顶面等多处，但注意收边的处理要美观。

03 欧式花形线条

大量的欧式花形线条的使用，是欧式古典风格最显著的设计特点。设计在吊顶中、墙面中的欧式线条，普遍具有精致的雕花工艺与流畅的线条感。

设计要点

欧式花形线条的设计更多的是体现在吊顶中，而墙面中则会偏简洁一些。

04 天然大理石

天然大理石的尊贵质感非常适合欧式古典风格，在空间设计中也随处可见，几乎每一户欧式古典风格中，都会或多或少地设计天然大理石作为地面或者墙面的装饰。

设计要点

天然大理石的设计造型最好带有欧式古典的特色，以突出空间的整体性。

风格家具 | 精湛工艺到雕花艺术

要点速查

① 欧式古典风格的家具在腿部的设计上，普遍以兽腿的样式为设计标准，只是会在细节上做小的调整。这是欧式古典家具的主要特征，即兽腿造型家具的腿部样式。

② 精湛的、繁复的雕花工艺经常体现在欧式古典风格的家具上，其中以沙发、餐桌椅的设计样式最为明显。每一处细小的雕花设计都展现了欧式古典文化的传承与变化。

③ 铆钉的皮革或者布艺家具是欧式古典风格所特有的家具样式，一看到这种设计样式的家具，便可以确定空间的设计风格一定是欧式古典主义。

④ 家具对于布艺纹理设计的运用是巧妙的。通常实木结构繁杂的家具，其布艺纹理的样式便偏于简洁；实木结构简洁的家具，则会在布艺纹理上做功夫，来提升空间的欧式古典氛围。

⑤ 大理石材质同样会在家具中设计，像一些大理石台面的餐桌、书桌、茶几等。这种设计是合理的，因其方便台面的清洁与打理。

家具类别

01 雕花兽腿家具

家具的结构设计上，多采用兽腿的造型样式，在其他的实木位置则设计有繁复且精致的雕花造型，展现了欧式古典风格家具的隽永感。

设计要点

雕花兽腿家具适合摆放在硕大的空间中，而不适合摆放在小空间内。

02　实木布艺结合家具

　　这类家具的形式有很多种，但总体上都是以实木材质为家具的框架，然后在框架内设计布艺材料，形成欧式古典风格的家具。

设计要点

实木布艺结合家具的欧式古典效果主要体现在实木框架的设计上。

03　铆钉皮革家具

　　这是古典主义时期典型的欧式家具，多设计在沙发及餐桌的椅子上，有时也会设计在床具的床头靠背上，具有沉稳且奢华的设计感。

设计要点

相对于人造皮革材料的家具，真皮材料的家具更具有质感。

04　大理石台面家具

　　设计有大理石台面的家具主要是茶几、餐桌等，书桌设计大理石台面的情况一般较少。在茶几、餐桌设计大理石台面的好处在于，清洁方便，不用担心物品被划伤。

设计要点

大理石台面的家具要与空间内的总设计相搭配，忌讳设计得太突兀。

风格软装　经典的欧式花纹设计

要点速查

① 软装中的布艺织物一类，在纹理上会设计经典的欧式花纹，可以是大花纹的，也可以是细碎的小花纹。其装饰效果惊艳，能起到丰富空间设计效果的目的。

② 灯具一类的软装，在造型上多沿袭了烛台的样式，但烛台的样式主要是装饰，而不是起到照明效果。像这类烛台的造型主要体现在台灯及吊顶当中。

③ 油画是欧式古典风格中必不可少的装饰，通常想要很好地传达出空间的古典设计感，都是通过摆放几幅经典的油画来传达的。

④ 一些工艺摆件则注重欧式的雕花造型，工艺品则要拥有精湛的工艺及复古的造型设计。

⑤ 自然植物类软装，如干花等室内植物的摆放是必不可少的，其能柔化空间视觉效果，提升空间自然气息效果。

⑥ 经典的欧式古典花纹设计，会体现在地毯及床品等软装上。表现在地毯中的欧式花纹是最为精致的，其往往可以悬挂在墙面上作为装饰。

软装类别

01 淡米色花纹窗帘

在家具选择了深色调的情况下，窗帘选择淡米色的欧式花纹是比较合理的。并且浅色调的窗帘可以提升空间的亮度，增添空间的温馨感。

设计要点

淡米色花纹窗帘适合搭配深色调的家具，能够为空间增添些许活跃感。

02　烛台式台灯

　　烛台式造型的台灯是典型的欧式古典风格台灯。烛台的造型是不发光的，其主要起到的作用是装饰效果。

设计要点

烛台式台灯如果搭配烛台式吊灯一同出现，能够进一步强化风格特点。

03　欧式油画

　　油画的传统与欧式古典风格设计有同样悠久的历史，在空间中摆放欧式的油画，可以为空间提供审美趣味，增添空间的设计品味。

设计要点

欧式油画的摆放位置最好突出，形成空间的视觉主题。

04　欧式风格插花

　　插在欧式造型花器内的花艺，常摆放在客厅、餐厅的茶几及餐桌上，以丰富空间设计内容，增添空间的自然气息。

设计要点

装花艺的花器很重要，应具备欧式古典风格的造型特点。

风格配色 可沉稳、可明亮的色彩变化

要点速查

① 欧式古典风格的配色，大体上有两种不同的配色方向：一是沉稳奢华的空间配色，所有的颜色都会以深色调为主，来烘托空间的低调奢华感；二是明亮的时尚色，色彩在使用上比较大胆，配色则充满对比与融合，使空间增添时尚感。

② 欧式古典风格的配色，习惯吸取历年的时尚色来营造空间。即空间在保持了传统的欧式古典家具的情况下，色彩上多是创新搭配，来满足现代人对色彩的审美习惯。

③ 即使空间内设计了高明度的色彩，其色彩也会进行中性色的处理。即弱化色彩的稚嫩，而去提升色彩的沉稳与内敛质感。

④ 欧式古典风格擅于设计沉稳内敛的色彩，如一些偏暗色调的黄色、紫色、暗红色等等，使空间增添沉稳与复古感。

⑤ 为了突出欧式古典风格的奢华气质，常会在空间中搭配金属色。如银色的不锈钢，金色漆面的家具、灯具等等。

配色类别

01 暗红色 + 深棕色

暗红色家具 + 深棕色家具	暗红色布艺 + 深棕色家具	暗红色墙面 + 深棕色家具

暗红色与深棕色结合作为家具主色，复古中略带华丽感

深棕色的家具上，搭配暗红色的家具，统一而又具有微弱的层次感

暗红色的墙面搭配深棕色家具，采用同样的铆钉造型，具有统一感

02　深棕色 + 米黄色

棕红色家具 + 米黄色墙面	棕红色家具、墙面 + 米黄色墙面	棕红色 + 米黄色

棕红色沙发具有典型的欧式古典造型，色彩厚重、复古，搭配米黄色墙面避免了过于沉闷	棕红色的家具及墙面组合，渲染厚重、复古的感觉，部分墙面使用米黄色石材，调节层次感	棕红色与米黄色穿插使用，形成了明快的整体感，复古而又不让人感觉沉闷

03　深棕色 + 白色 / 雅致白

深棕色家具、地面 + 白色墙面	深棕色地毯 + 雅致白地面	深棕色家具 + 白色墙面、地面

室内同时采用深棕色的地面及家具略显沉闷，白色的墙面减弱了这种感觉	略带一点米色的雅致白搭配深棕色花纹地毯，非常明快，且不乏古典感	深棕色的家具搭配白色与其他色彩拼花设计的墙面和地面，沉稳而不乏节奏感

04　金属色 + 无色系

银色 + 黑色家具	金漆色灯具 + 沉稳色沙发	金色 + 灰色家具

卧室在暗紫色背景的映衬下，沉稳内敛，中间的金色漆面家具则活泼跳跃	若没有金漆色灯具色彩的搭配，客厅空间便会显得沉闷许多	金色和高雅的中灰色组成的家具，典雅而高贵

搭配技巧

双人床搭配单人座椅

在欧式古典风格的卧室布置中，除了摆放必要的双人床及两侧的床头柜之外，还会在卧室的角落处摆放欧式造型的单人座椅。通常情况，单人座椅的样式极具审美效果，会采用兽腿的造型及精湛的雕花工艺，以提升卧室空间的整体设计感。

▲双人床搭配脚凳、单人座椅，令空间的实用功能大大提升。

▲宽敞的客厅采取对坐式布局，搭配欧式家具，具有欧式古典气质。

大空间可采用对坐式空间布局

　　大面积的客厅内，采用对坐式的布局方式，不是传统的沙发面对电视背景墙摆放，而是两组沙发对坐摆放的形式，形成会客厅的样式，能够强化室内的欧式古典气质，并增加交谈者之间的亲切感。

雕花造型一致的家具

  摆放在同一处空间内的欧式古典家具，无论是沙发、餐桌椅，还是双人床、衣帽柜等，都要遵循一定的设计规律。表现在家具造型上，即是统一的雕花造型，这类型的家具搭配出来的效果是很好的。在保证了统一的雕花造型后，其色调上是可以有相应的变化的，这样也可以丰富空间的设计变化。

统一实木材质的卧室家具

  里面包括实木双人床、实木衣帽柜、实木角几、实木五斗柜等，这一系列的家具共同营造出卧室的欧式古典风格设计。要想使空间内的设计统一且具有美感，所有实木家具在实木材质及纹理上要相互统一，彼此之间有设计元素上的联系，这样设计出来的空间才会有搭配设计上的美感。

▲ 双人床及化妆台的雕花造型采用了统一的样式，使得卧室的欧式古典氛围更浓郁。

▲ 深红色实木色调体现在衣帽柜、五斗柜、角几上面，形成统一的设计效果。

第七章
简欧风格

简欧风格，就是在设计形式上简化了的欧式古典风格。简欧风格更多地表现为实用性与多元化，符合现代的楼房空间结构。其设计内核依然遵循欧式古典的设计理念，但在外在形式上作适当的简化，以迎合现代人的审美习惯。弱化了繁复的雕花设计、多变的墙面造型，在复杂与简洁中，寻找最佳的设计平衡，满足人们的审美需求。

风格材料 新型材料的欧式化造型

要点速查

① 简欧风格擅于在空间中设计新型的装修材料，然后利用新型材料的特点设计成欧式的样式。如木饰面、玻璃等材料，在利用材质表面质感的同时，会将材料设计成欧式的边框造型。

② 石膏材质、实木材质的线条是简欧风格空间必备的风格材料。其造型简洁，少有繁复的雕花样式，而是以表现线性的美感为主。

③ 大理石等石材在简欧风格的设计中，以浅色调为多，并且造型上比较简洁。通常情况，都是斜向 45° 的菱形拼贴方式来设计空间的地面。

④ 在材料的搭配设计中，简欧风格强调简单的几种材料搭配设计，而不是多种材料的堆砌设计。往往两三种不同类型的材料相互搭配，设计出来的简欧空间，更具有美感，而且丝毫不显杂乱。

材料类别

01 细纹理木饰面

木饰面在简欧风格中的运用，多体现在墙面设计中。一般是将木饰面设计为带有简欧特色的造型样式，然后在墙面中大面积设计。

> 简欧风格的木饰面重视造型，多于重视纹理感。

02 水银镜

简欧风格的家居中，在面积不是很大的情况下，就需要水银镜来增加空间的通透性，并且能够强化简欧风格的华丽感。

设计要点

水银镜搭配一些简化后的欧式造型，更符合简欧韵味。

03 拼花大理石

简欧风格的地面设计，是最喜欢设计拼花样式的。通常将浅色调的大理石设计成菱形的拼花，来丰富空间的设计变化。

设计要点

大理石拼花设计，以线性的美感为主，而不是繁复的拼花样式。

04 简洁石膏线

在空间中多设计简洁的、线性的石膏线，无论是在吊顶中，还是在墙面中。这也是典型的简欧风格的空间设计，石膏线材料的价格不高，并且装饰出来的效果很精美。

设计要点

石膏线的样式要简洁，造型设计上也忌讳繁复。

风格家具 | 带有现代美感的欧式形体

要点速查

① 简欧风格的家具多采用布艺、皮革等材料为主，以突出使用过程的舒适感。在设计上，更看重家具的实用性，其次才是设计美感。

② 在设计造型上，简欧风格的家具是别具一格的，其外在的形体继承了欧式古典家具的设计传统，但在材料使用上，则多是现代的新型材料。

③ 实木材质一类家具，通常不会表现实木的自然纹理，而是在实木材质的表面涂刷高光泽度的漆面，以表现简欧实木家具的时尚感。

④ 铆钉一类的造型，在简欧家具中有广泛的设计。无论是沙发、单人座椅、床，还是柜体等家具，都会设计铆钉造型，以展现简欧风格对欧式传统的传承与创新。

⑤ 好的简欧风格家具，就像一件精致的工艺品，摆放在空间中便会散发出美感来。因此，选对简欧家具，会给空间加分，提升空间的设计感。

家具类别

01 铆钉造型皮革床

铆钉造型是典型的欧式设计造型，也是简欧风格最喜欢的一种家具样式设计。铆钉造型的皮革床，拥有高贵的质感与舒适的坐卧感。

铆钉造型的中间最好同样用皮革制成，而不是金属材质。

02　高靠背沙发椅

　　用布艺材质设计的高靠背沙发椅，具有舒适的坐卧感。在设计的美感上，摆放在空间中非常突出，常常可以沙发组合的装饰主体出现。

设计要点

高靠背沙发需要搭配矮靠背的沙发才能体现出独特的美感。

03　高光漆面餐桌椅组合

　　为了突出简欧风格的时尚感，餐桌一类的家具会设计成高光泽度的漆面，涂刷在实木桌、实木椅的表面，通过高光效果来体现空间的时尚感。

设计要点

为了突出高光漆面的质感，通常桌椅的实木会涂刷成黑漆。

04　描金、银花边家具

　　简欧风格的家具承袭欧式传统的韵味，但造型更加简化、配色更轻盈。为了增加其华丽感，有一些款式会加入一些描金或银的边框装饰。

设计要点

此类家具最好选择成套的产品，更具有统一感和冲击力。

风格软装 | 简洁中体现欧式设计的韵味

要点速查

① 一些偏现代感的软装，设计在简欧风格的空间中，都会有不错的审美体现。

② 简欧风格擅于利用新型材料来设计软装，以装饰空间。如水晶材质的珠帘、金属框架的装饰画等等，一方面具备现代的审美特点，一方面又传达出了欧式的造型特色。

③ 灯具一类的软装，如吊顶、台灯、壁灯等，多会设计成水晶烛光的造型来装饰空间。其设计上并不复杂，而且色彩也通透明亮，贴合简欧风格的特点。

④ 地毯、窗帘、床品等一类的软装，不突出设计布艺上的纹理花纹，而是突出布艺材料的原本质感来装饰空间。其主要起到衬托的设计效果，以衬托空间中的简欧家具。

软装类别

01 方形色块地毯

在简欧风格的地毯设计中，地毯的样式可以偏离欧式的设计传统，甚至可以有现代的设计感，然后利用地毯色块变化来丰富空间的设计变化。

设计要点

方形色块地毯适合设计在色彩较为单调的空间中。

02 欧式建筑装饰画

　　在众多的装饰画种类中，欧式建筑装饰画是占有很大比重的。经常可以在简欧风格的空间中，看到欧式建筑装饰画，而且装饰画往往与空间的主设计很搭配。

设计要点

欧式建筑装饰画的画幅越大，其装饰效果与美感就越突出。

03 透明水晶吊灯

　　水晶吊灯具有明显的欧式风格特点，对于一些透明水晶吊灯来说，安装在简欧风格的空间内是恰当且精美的。

设计要点

吊灯全采用透明水晶的设计样式会更精美。

04 水晶珠帘

　　水晶珠帘若隐若现的通透视觉感，是简欧风格所需要的。无论是设计在客餐厅的隔断，还是设计在墙面中作为装饰，其装饰效果都会突出且精美。

设计要点

水晶珠帘设计的位置需要注意，不可阻碍空间的动线。

风格配色 突出时尚感的明快色调

要点速查

① 简欧风格的空间配色，习惯使用明快的颜色且纯度较高的颜色。像黄色、红色、蓝色等色彩，均不会进行暗化的处理，而是依然保持其色彩原有的明度。

② 为了突出空间的时尚感，配色设计中常采用强烈的对比色。最明显的属于黑色与白色的对比色，形成黑白色主调的空间配色。

③ 多数的简欧风格空间配色还是以温馨的暖色系为主，会在空间中多运用米色、淡黄色等色调，设计在墙面中，以提升空间的温馨感。

④ 白色是简欧风格不可缺少的主题色，无论是在空间中设计何种的色彩，都会以白色作为空间的基调，来烘托其他各种色彩变化。

⑤ 色彩之间的和谐搭配对简欧风格来说很重要，并且在多种颜色的设计中，应有主要的主题色，然后再开展其他颜色来搭配主题色，以形成空间的配色设计。

配色类别

01 明艳蓝 + 黄、白等色系

蓝色墙漆 + 白色线条	蓝色点缀色 + 白色背景	蓝色点缀色 + 淡米色背景

蓝色背景下的白色书柜造型，显得尤为突出

空间跳跃变换的蓝色，使白色的空间活跃了起来

淡米色为主体的空间拥有温馨感，期间点缀的蓝色凸显了青春活力

02 绿色系 + 白色系

绿色系 + 白色系	深绿色 + 白色系	浅绿色吊灯 + 白色顶面

不同明度的绿色和白色穿插在空间中，塑造出清新的简欧风格居室	深绿色用在家具、窗帘及饰品上，与白色背景穿插，典雅而清新	带有浅绿色的吊灯，与白色顶面搭配，彰显细节的精致美

03 暖色系 + 白色系

米色壁纸 + 白色家具	米黄大理石 + 白色家具	金色软包 + 白色欧式线条

透明白色的餐桌座椅充满个性，与米色壁纸的搭配也恰到好处	米黄大理石的色彩舒适且温馨，白色沙发也颇具时尚感	白色欧式线条作为金色软包的收边线，同时起到突出金色软包的作用

04 黑色 + 白色

黑色地毯 + 白色吊顶	黑色镜面 + 白色墙漆	黑色柜体 + 白色墙面

吊顶为白色，地面为黑色，使得空间具有充足的沉稳感	线条样式的黑色镜面，与白色墙漆形成鲜明的对比，时尚感十足	银漆黑色柜体在卧室中非常醒目，主要源于白色的墙漆背景

● 搭配技巧

护墙板搭配墙面壁纸

简欧风格中的护墙板设计多是呈白颜色的，壁纸则会搭配带有温馨颜色的色调或者纹理。护墙板设计在墙面的下侧，上面则是设计壁纸。这种设计搭配通常会布满空间内的墙面，除去电视背景墙、床头背景墙等处。设计出来的效果很精美，而且很容易搭配空间内的家具。

▲电视背景墙部分使用白色护墙板，侧墙则使用色彩柔和的壁纸，装点出典雅的简欧风格居室。

▲带有欧式花纹的皮革硬包以及木饰面的欧式线条，突出了简欧风格的特点。

皮革硬包具有简欧韵味

皮革硬包在简欧风格的空间中，设计最多的位置是床头背景墙，其次是电视背景墙。这种装饰手法十分具有简欧的韵味，若觉得单调，可以搭配其他的材料，例如木纹饰面板、简约的石膏线条等。

洞石搭配雕花瓷砖

　　一些空间为了体现简欧风格的高品质与空间的奢华感，会在墙面中设计洞石。洞石一般是设计在客厅、餐厅等空间，为了提升墙面设计的丰富性，会搭配欧式花形的瓷砖一同设计，形成主题背景墙，如设计在电视背景墙、沙发背景墙、餐厅背景墙等处。

▶双人床及化妆台的雕花造型采用了统一的样式，使得卧室的欧式古典氛围更浓郁。

大理石搭配欧式线条

　　大理石会设计在电视背景墙、沙发背景墙等墙面，然后在大理石的侧边墙面设计欧式线条。其一是起到收边的目的，其二是烘托空间的简欧设计氛围。一般情况下，大理石会选择纹理丰富的，色调偏浅颜色的，而且大理石的表面不会设计造型，而是保持大理石的自然质感。

▲ 白色的大理石质感细腻而纹理丰富，搭配对称的欧式线条设计手法，突出了电视背景墙的主体地位。

第八章
北欧风格

北欧风格，是指欧洲北部国家挪威、丹麦、瑞典、芬兰及冰岛等国的室内设计风格。不同于法国、意大利等欧洲国家的设计风格，其在墙、顶、地的设计中，多采用线条与色块的变化来装饰空间，绝不设计繁复的雕花与纹饰，以简洁的空间设计著称于世，并影响到后来的"极简主义""简约主义""后现代"等风格。

风格材料 | 简洁而又具有时尚感

要点速查

① 北欧风格的材料，喜欢大面积设计在墙面中，以展现材料本身的纹理及质感，而不是利用材料设计繁杂的造型。

② 偏近自然质感的材料很受北欧风格的喜欢，像木饰面、天然大理石等等，常会结合各种造型一起设计在空间的墙面中，成为空间的主题背景墙。

③ 木地板一类的地面材料，应在空间的设计中注意耐磨性。因为北欧风格经常会将木地板设计在客厅、餐厅等空间，而客餐厅的家具会对地面形成刮划，所以选择实木复合材质的地板更适合北欧风格的空间。

④ 一些质感粗糙的材料，如红砖等材料，在北欧风格的空间中有巧妙运用。通常会设计在一面墙，面积可以很大，也可以较小，来丰富空间的材料设计变化。

⑤ 无论是什么质感的材料，都遵循统一的特点，即材料的简洁性。北欧风格提倡极简的空间设计，而材料的简化恰好可以搭配风格的设计特点。

材料类别

01 彩色墙漆

彩色墙漆是北欧风格居室中比较常见的一种装饰材料，色彩以具有代表性的果绿色、深蓝色、灰绿色等为主，表现一种纯净而雅致的韵味。

墙漆选择亚光质感的，会更符合北欧风格的意境。

02 天然纹理木饰面

　　一般木饰面的纹理自然且朴素，颜色则偏近于舒适的中性色。适合设计为空间内的墙面，或者是柜体的门板材料等。

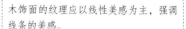

木饰面的纹理应以线性美感为主，强调线条的美感。

03 实木复合地板

　　北欧风格习惯将木地板设计在客厅及餐厅中，为了保证木地板的耐刮划性，铺设实木复合地板是最好的选择。并且实木复合地板的多种样式，也可满足空间的不同设计需求。

不能改变格局的情况下，可利用反光镜面等设计手法来辅助布局设计。

04 砖等古朴材料

　　在空间的墙面中设计砖等古朴材料，可增添北欧风格的自然感与时尚感。砖使用时通常是涂刷白色涂料或直接裸露红砖本色，红砖缝隙用黑漆填充更具设计美感。

红砖墙面的设计位置应处在不常碰到的墙面。。

风格家具

贴合人体工程学的流线美感

要点速查

① 北欧风格的家具非常注重人的舒适使用。即在家具的设计上，以符合人体工程学为第一标准，然后才是造型的美感。

② 在家具的形体设计上，偏重线性的美感。可以是直线条的变化，也可以是优美的弧形设计，但无论是什么样的线条设计，都以简洁性为设计中心，来体现北欧风格家具的精髓。

③ 面积较大的空间、面积较小的空间，都适合摆放北欧风格的家具，因为家具在形体上没有多余的造型，而且有各种不同大小的尺寸，可以适应任意一处空间。

④ 布艺材质的家具在北欧风格中有广泛的设计，但普遍有一个共通点，即布艺的面料的自然质感，并且表面没有花哨的纹理变化。

⑤ 北欧风格家具的搭配有一条简单可行的规律，即实木类的家具搭配布艺家具、造型简洁的家具搭配坐卧感舒适的家具。掌握这两条规律，搭配出来的空间既美观又具有良好的舒适性。

家具类别

01 小巧简洁的家具

这一类家具包括小尺寸的双人座沙发、茶几，单人座椅等，普遍可以摆放在任意一处空间，无论是客厅还是书房、卧室等，都能得到恰当的摆放。

设计要点

简洁性是小巧家具的关键，呼应空间的北欧风格主题。

02 几何形茶几

简洁款式的几何形茶几是北欧家具的一个代表性种类，常见的有方形和圆形，材质有纯木质或木质搭配铁艺等。

设计要点

茶几并不限于一个，可以是多个数量的组合。

03 流线美感家具

在沙发一类的家具设计中，极其注重家具的流线美感。其结合了人体工程学，拥有极佳的坐卧感，同时摆放在空间中，具有精美的观赏性。

设计要点

流线美感家具适合单件的家具，而不是体型硕大的家具。

04 柔软布艺家具

布艺家具在北欧风格的设计中非常的广泛，无论是沙发、单人座椅，还是床、矮凳等，都会采用舒适的布料来设计家具，体现北欧风格的舒适性。

设计要点

布艺家具不宜选择繁复花纹样式的，而是选择不带有纹理的素色。

风格软装 | 以简洁来衬托空间的设计感

要点速查

① 布艺一类的软装，在北欧风格的设计中，以无纹理或者线性纹理为主，而不去设计繁复的花纹样式。尤其是面积较大的布艺软装，如窗帘、床品等更是如此。

② 体型较小的布艺软装，经常会设计有出彩的印花纹理，来点缀北欧风格的空间，提升空间的设计丰富度。

③ 灯具一类的软装，在保有欧式造型的基础上，会大量采用现代的设计材质，来设计极简的造型，以体现北欧风格的现代性与极简主义特质。

④ 像工艺品、装饰品一类的软装，提倡具有自然的特质，摒弃人工雕琢的设计。其摆放在空间中，不仅起到装饰作用，更是空间设计中不可或缺的一部分。

⑤ 软装的设计中，搭配有一定的规律。即大面积以舒适的素色为主，然后辅助搭配印花图案等软装，实现空间的设计丰富度与巧妙变化。

软装类别

01 印花抱枕

抱枕的体型较小，一般所搭配的沙发或者床都是极简造型的，因此抱枕带有丰富的印花纹理，可以丰富空间的设计变化。

设计要点

印花抱枕的样式应依据欧式文化为主，并且色彩上可以丰富一些。

02 金属壁灯

金属材质壁灯具有现代的质感，同时又保留了欧式空间安装壁灯的习惯。可以节省摆放灯具的空间，提升空间的利用率。

设计要点

在空间设计竖条纹坐垫的情况下，其他布艺软装适合设计成无纹理的样式。

03 大棵绿植

北欧家居墙面通常很少有造型设计，家具也非常简约，所以常常用大棵的绿色植物来装点家具，以增添生活气息。

设计要点

绿植所选用的容器质感也很重要，编织类的以及陶瓷类的最合适。

04 超长线铁艺单头吊灯

在北欧风格的家居中，超长线的单头铁艺吊灯是比较常见的一种灯具，最常用在餐厅或卧室的床头两侧，颜色以黑、白、灰为主，款式简洁，具有朴拙感。

设计要点

吊灯的色彩选择可呼应空间整体，除了无色系外，低调的彩色也可使用。

风格配色　提倡青春活力与时尚配色

要点速查

① 北欧风格的配色总是大胆而又新奇，这并不是说空间的配色多么的炫目，而是具有青春活力。通常只有两种到三种明亮的色彩搭配，但设计出来的空间却具有多种的设计变化。

② 虽然北欧风格设计的配色普遍偏于明亮，但并不是高纯度的配色，而是注重色彩的隽永感，就是色彩会偏中性色一些，以提升空间的舒适感。

③ 经典的北欧风格配色当属黑、白、灰三种颜色的变化与搭配。通过附着在不同材质表面的三种色彩，体现多种的变化，往往可使空间带有一些艺术气息。

④ 在色彩的搭配设计中，空间需要一种相对沉稳且温馨的主色调，然后适当地搭配其他种类色彩，以点缀色形式出现。

⑤ 北欧风格的配色擅于将黄色、蓝色、红色与黑白色调相互搭配，来展现空间的线性美感与极简主义设计特质。

配色类别

01 黑、灰色 + 白色系

黑漆木地板 + 白色墙砖	灰色墙漆 + 白色吊顶	灰色木饰面 + 黑、白色

地面选择沉稳的黑色，墙面搭配明亮的白色，是最理想的空间配色设计	带有一定明度的灰色，在白色的映衬下更显时尚	灰色的木饰面是黑色地面与白色墙面的过渡色

02 绿色系 + 白色

青绿色墙面 + 白色家具	灰绿色家具 + 白色墙面	深绿色 + 白色墙面

白色墙面和白色家具之间，加入一点青绿色，清新、纯净	淡灰绿色的餐桌椅搭配白色的墙面，简洁而素净	深绿色木质搭配白色砖墙，淳朴而清新

03 原木色 + 无色系

原木地板 + 白色墙面	原木墙面 + 黑色家具	木色 + 灰色组合的家具

原木色调的原木地面在白色墙面的映衬下，显得非常突出	木质墙面，搭配黑色和木色结合的家具，具有一种斑驳的原始感	灰色的布艺沙发搭配一个原木色框架，符合风格特征又舒适

04 蓝色系 + 白色

蓝色家具 + 白色墙面	蓝色点缀 + 白色家具	淡蓝色 + 白色

墙面使用白色，蓝色家具凸显出来，成为视觉焦点	蓝色与黄色对半开的设计空间，反倒增添了空间的沉稳感	淡蓝色与白色穿插着使用在墙面及家具上，清新而唯美

搭配技巧

铁艺家具搭配实木家具

在空间中单一地布置实木家具，会令空间显得过于硬朗；在空间中单一地布置铁艺家具，会令空间缺乏设计质感；而实木家具与铁艺家具的结合便非常适合北欧风格的空间。实木家具的极简特性搭配铁艺家具的朴拙感，可使空间不论是观赏性还是使用，都具有较高的品质。

▶实木座椅的斑驳感与白色铁艺家具的质感形成撞击，丰富了餐厅的层次感。

大型家具选素雅色或无色系最佳

北欧风格的一个显著特点就是无色系中黑、白、灰的运用，在选择室内的大件家具时，黑色、灰色、棕色等是最佳选择，能够彰显出北欧风格的纯净特征。如果不喜欢这些色彩，也建议尽量选择素雅的色彩，不建议过于艳丽、活跃。

▲ 作为室内大型家具的沙发选择了深灰色，而少量彩色则以点缀色的方式出现，彰显北欧风格的纯净感。

多材质组合家具丰富质感

北欧风格家居中使用的家具造型都比较简约，搭配平板式的墙面极具特点。然而造型简洁后，若材料或色彩单一就容易显得单调，选择家具时可以花费一些心思。例如椅子，可以选择木质搭配铁艺固定件，而座椅为塑料的款式，丰富空间质感层次。

◀ 餐椅虽然造型简洁，但层次一点也不单调，彰显北欧风格的艺术感。

家具布置强调留白

在北欧风格的布局设计中，强调空间的留白。在家具得到合理摆放的同时，为空间留有大面积的流动空间，提升空间舒畅的流动性。

◀ 客厅沙发周围做了留白设计，意图给人宽敞、流畅的感觉，彰显北欧风格的简洁特征。

多个家具宜具有统一感

在北欧家居中，若同一个空间中重复性地使用功能相同的家具时，这些家具之间具有统一感会更彰显风格特点。例如餐厅中的座椅，在材质或色彩上统一，能够使家具之间形成稳固的设计联系，提升家具搭配的整体性。

▲ 或选材和配色完全一致或配色一致的家具组合，使空间的搭配更具整体美感。

第九章
美式乡村风格

美式乡村风格的由来，实际是因为欧式家具流传到美洲，而后逐渐演变出来的一种装饰风格。就是说，美式乡村风格继承了欧式风格的特点，但却转变了设计理念，其倡导"回归自然"，抛弃繁琐与奢华，注重实用性、舒适性。因此，经常看到硕大笨重的家具，却有极佳的坐卧感，这正是因为家具继承了欧式风格的样式，却改变了设计理念的缘故。

风格材料　展现空间的厚重感与怀旧感

要点速查

① 美式乡村风格的空间擅于利用厚重的实木线条，来烘托空间的设计氛围。通过设计在墙面、门口、吊顶的实木线条来体现美式乡村风格的厚重感。

② 瓷砖一类的材料在空间设计中，首先突出的是瓷砖的做旧工艺与复古感；其次是色彩上的变化，要大胆且具有冲突性，这样才能体现出美式乡村风格的特色。

③ 壁纸一类的装饰材料，以突出变化的纹理为主。可以是条纹状的样式，可以是大花纹的样式，粘贴在墙面中，来提升空间的设计氛围。

④ 各种材料相互间的搭配是很重要的一环，美式乡村风格设计的好不好，全看材料间的彼此搭配。如壁纸搭配护墙板，实木线条搭配木饰面板等就是很好的例子。

⑤ 丰富的门套线设计材料，是美式乡村风格的一大特点。基本上通过各种不同线型与宽度的门套线，就可装饰出完全不同类型的美式乡村风格。

材料类别

01 深色实木线条

用于构造墙面的造型设计，或者是柜体的边框造型等，通过深色实木线条的设计，美式乡村风格的浓郁感自然体现出来。

设计要点

深色实木线条要搭配同样纹理的实木板一同设计。

02 垭口门套线

通过在空间的垭口处设计门套线，来突出空间中浓郁的美式乡村风格。当然门套线的颜色有多种的选择，可根据空间的总色调来合理搭配。

设计要点

所有垭口的门套线需要保持一致，以突出空间的整体性。

03 大花壁纸

属于美式乡村风格的大花壁纸，其纹理带有自然的质感，配色多柔和、古朴，带有明显的美式民族特征。通常情况下，大花壁纸用于背景墙装饰。

设计要点

美式家居中的大花壁纸，特别适合搭配做旧木质家具一起使用。

04 大色块仿古砖

仿古砖在空间中的设计并不特别，带有大色块的仿古砖则是美式乡村风格设计所特有的。往往色块的颜色是经过做旧处理的，使空间带有一种复古的设计感。

设计要点

大色块仿古砖的搭配以强烈的对比色效果最好。

风格家具 | 做旧工艺下的复古家具

要点速查

① 美式乡村风格的家具用实木材料设计的最多，其中又以深色的实木类家具最经典。在空间中摆放一套深色纯实木家具，往往不需要其他过多的装饰，便可为空间带来十足的美式乡村风。

② 在家具表面进行做旧工艺的处理，是美式乡村风格家具普遍具有的特点。做旧工艺的方式有两种，一是将家具的漆面进行刮划、磨损的专业处理；二是利用油漆的深浅色变化，来体现家具的做旧质感。

③ 雕花造型的家具在空间中很常见，设计有雕花造型的家具，往往也具有优美的流线。单独看美式乡村风格的家具，就像一件精致的工艺品。

④ 布艺类家具的特点，体现在布艺纹理的样式上与家具的形体上。通常布艺要么是纯正的大色块，要么是大花纹的纹理样式。

⑤ 家具之间搭配，强调套系的结合。即雕花类家具与雕花类家具搭配，布艺类家具与布艺类家具搭配等等。

家具类别

01 雕花造型类家具

通过一些繁复的雕花工艺来体现家具的价值，包括沙发、茶几、餐桌、座椅等实木家具。精美的雕花造型还经常带有优美的弧线。

设计要点

雕花造型类的家具只适合搭配同样雕花造型的家具。

02　印花布艺沙发

美式乡村风格的沙发都比较宽大，布艺类很少用鲜艳的色彩，米色、棕色较多，多带有条纹、花朵、格子等印花图案。

设计要点

多个沙发组合时，可以用纯布艺的款式搭配带有木框架的布艺，让质感更丰富。

03　深色实木类家具

往往色调越深、做旧工艺越精湛的实木类家具，时间越久会越具有美感，是能起到增值效果的家具。摆放在空间中，可展现空间主人的高贵品味。

设计要点

具有一定流线美感的实木家具，更具观赏性。

04　布艺类家具

这类家具首先具有美式乡村风格家具的形体，然后表面则全覆盖上布艺材料，以突出家具使用过程中的舒适感。

设计要点

布艺类家具以纯色样式和大花纹样式为最好。

风格软装 深沉内敛的软装配饰手法

要点速查

① 美式乡村风格的软装种类繁多，可选择性非常广。因为美式乡村风格的设计特点便是包罗万象的，因此只要搭配得合理，就是合适的空间软装。

② 布艺一类的软装，根据设计位置的不同，有着不同的样式选择。像窗帘软装，设计在卧室中以素色的无纹理为好；设计在客厅中，则带有花纹样式才会有良好的装饰性。

③ 地毯在空间内的设计是必不可少的，无论是铺设在客厅，还是铺设在卧室、书房等处。需要注意的是，地毯的样式要衬托空间设计，而不是去抢夺空间的设计主题。

④ 因为美式乡村风格的床普遍是实木床，床品的选择则偏纹理丰富一些更合适，能起到提升空间活力的作用。

⑤ 装饰画的软装搭配，不仅要把控画框的样式，还要注意画布的内容。两者都要与美式乡村风格的空间相融合才行。

软装类别

01 素雅色调窗帘

美式乡村风格讲求的是厚重而淳朴的感觉，因此窗帘很少用特别鲜艳的色彩，多为素雅的布艺，造型上以平开帘、罗马帘较多见。

设计要点

虽然是明艳色调的窗帘，但其样式也不要太过于鲜艳。

02 拼接块状地毯

在贴有瓷砖的地面上铺设地毯，可以有效降低空间的冰冷度，提升空间的舒适感和柔软度。图案上可以选择拼接块状地毯，在视觉上丰富空间的层次感。

设计要点

地毯的纹理样式与色调要与空间统一。

03 美式画框装饰画

装饰画的内容可以是欧式的建筑，可以是西式的风景油画，但画框必须是美式的画框。这样设计出来的装饰画，才能带给空间精致的装饰美感。

设计要点

美式装饰画的颜色可以略突出空间的主色调。

04 大花纹样式床品

床品四件套选择花纹样式的纹理，可以丰富卧室的装饰变化，提升空间的审美趣味，减少空间的呆板与压抑感。

设计要点

若卧室的色调深沉，则床品的颜色应浅淡。

风格配色 | 沉稳中体现空间的活力

要点速查

① 利用实木本身的颜色来构建美式乡村风格空间的配色，然后再采用其他的颜色来搭配实木的颜色，这样设计出来的空间配色是比较合理的。

② 美式乡村风格擅于利用米色调来构建空间的基础色，会将米色调设计在墙面中、顶面中以及地面中，再搭配其他种的跳跃色，来丰富空间的色彩变化。

③ 体现美式乡村风格的自然感，就需要在空间中设计大量的绿色。无论是偏深色系的墨绿，还是偏浅色系的青绿色，都会搭配白色共同出现，以烘托空间的自然质感。

④ 色彩的搭配设计中，常会将墨绿色和深红色搭配在一起设计，造成强烈的视觉冲击，以此来体现美式乡村风格空间独具一格的配色技巧。

⑤ 美式乡村风格的空间配色通常是深沉的内敛色。无论是什么颜色，都会偏近深色系，以展现空间的沉稳感。

配色类别

01 米色系 + 原木色

米色墙顶面漆 + 棕黄色家具	深棕色吧凳 + 米青色墙面	原木色橱柜 + 米色地砖

棕黄色调的家具在淡米色的背景下很突出，成为卧室的视觉主题	这两种颜色就像是一种渐变色，由远及近，由深及浅	米色地砖与吊顶就像一个背景，映衬着原木色的整体橱柜

02 墨绿色 + 原木色

墨绿色墙漆 + 深棕色地板	青绿色 + 深棕色家具	墨绿色壁纸 + 深棕色家具

大面积的墨绿色使得空间增添了许多的时尚感	深棕色家具虽然沉稳内敛，但青绿色的墙漆增添了空间的活力	格子状的墨绿色壁纸本身便具有精美的效果，搭配深棕色家具则凸显了美式乡村的现代感

03 明艳色 + 浅色系

大红色 + 墨绿色	墨绿色 + 白色	红色 + 白色

红绿相搭配的颜色丝毫不刺激，得益于白色的吊顶弱化了冲突	白色搭配墨绿色有一种自然的时尚感	条纹壁纸的红色在白色的映衬下，更显明亮，提升了空间的活力

04 红木色 + 白色

红木色吊顶 + 白色墙面	白色墙面 + 红木点缀色	红木楼梯 + 白色墙面

白色的墙面加深了红木色吊顶及套装门的色彩活力	以白色为主的空间，则更显空间的宽敞与明亮	优美弧度的楼梯颇具美感，在白色墙面的映衬下，成为空间的焦点

第十章

田园风格

田园风格是欧洲地区一种主要的装饰风格，倡导贴近自然、向往自然的家居环境追求。美学上推崇"自然美"，追求悠闲、舒畅、自然的田园生活是风格的设计理念。在田园风格里，没有刻意的精雕细琢，粗糙和破损是允许的，因为只有那样才更接近自然。

风格材料　处处弥漫着自然生态气息

要点速查

① 田园风格的材料设计中，最主要的一条是要突出材料的自然质感。无论是实木类、石材类还是布艺类的材料，以材料中体现花纹装饰、木纹质感为优秀。

② 实木一类的材料，在田园风格的设计中，很少涂刷清漆，更多的是在材料的表面涂刷有色漆，如白色混油、绿色油漆等等，以突出田园风格的自然感。

③ 无论是什么样的材料，只要表面设计有碎花的图案纹路，将其设计在空间中，都会充满田园风格的设计氛围。

材料类别

01 绿漆实木墙裙

大量的墙裙设计，是田园风格典型的材料设计手法。为了体现空间的自然生态气息，会将墙裙的实木材料，涂刷上绿色的油漆，以丰富空间的自然色彩。

设计要点

绿漆实木墙裙应为空间的点缀材料，不可设计得面积过大。

02　碎花壁纸

　　墙面粘贴的壁纸中，选择款式最多的便是碎花壁纸。无论是在客厅、餐厅墙面，还是在卧室、书房的墙面，都会有大量的运用。

設計要点

碎花壁纸与白漆墙裙的搭配，可使空间更具田园风。

03　硅藻泥

　　硅藻泥表面的肌理，可以为空间带来质朴的设计感，这正与田园风格的设计主题相符。一般会选择暖色调的硅藻泥设计在墙面中，以烘托空间舒适、温馨的氛围。

設計要点

硅藻泥的纹理选择要简单，而不要复杂。

04　实木梁柱

設計要点

实木梁柱的设计面积应以点缀为主。

　　在田园风格的吊顶设计中，为了突出空间的自然生态气息，会将实木梁柱设计在吊顶中。实木梁柱会涂刷清漆，保留实木的原有色调。

风格家具 布艺与实木材料的完美结合

要点速查

① 田园风格善用实木材料来构造空间内的家具。无论是沙发、餐桌、床，还是柜体及座椅等，都会用实木来做结构，再搭配布艺、皮革等表面材质。

② 实木家具在造型上，有特定的田园风格设计样式。体现在沙发与床中的情况比较多，即设计有圆弧形的柱子造型。

③ 家具表面的布艺设计上，有两种不同的样式选择。一种是碎花的布艺纹理，大面积地设计在家具的表面；另一种是条纹格子的纹理，会以点缀设计的形式，小面积地设计在家具的表面。

④ 田园风格家具的搭配，主要看家具的造型与家具的纹理样式。造型上，相互搭配的家具应具有同样的设计细节；纹理样式上，即布艺的纹理样式要有彼此间的呼应。

⑤ 在具体的家具搭配方案中，应注重硬朗质感家具与柔软家具间的互补搭配。即摆放大量实木家具的空间内，一定要有布艺、皮革等柔软材质的家具来呼应设计。

家具类别

01 碎花布艺沙发

沙发的布艺表面，印有大量的花纹图案，而且是典型的田园风格碎花样式，丰富并且提升了空间的田园设计感。

设计要点

虽然是碎花图案，但其纹理还是要有一定的规律才不显得杂乱。

02　全实木复古床

在实木床的造型设计中，经常设计田园风格所特有的圆弧柱子，装饰在床的四角上，床头处高、床尾处低。实木床的漆面则是偏复古的颜色。

设计要点

在设计中全实木复古床的空间内，背景墙的造型简洁更能突出实木床的美感。

03　条纹格子布艺家具

除了典型碎花造型家具，便是条纹格子的布艺家具了。在田园风格空间中，这类家具通常设计在单人类的座椅上，起到点缀的作用。

设计要点

条纹格子的面积不要太大，面积小而精致才能展现出美感。

04　实木餐桌＋带坐垫的餐椅

采用实木材质的餐桌，可以很好地凸显出田园风格的自然风情，再搭配几把带有布艺坐垫的餐椅，柔和木质餐桌古朴、硬朗的视觉感，更添空间的暖意基调。

设计要点

布艺坐垫的图案可以选择碎花、方格或条纹。

风格软装 | 碎花与格纹的经典设计

要点速查

① 田园风格软装中的一个大类便是布艺类的软装。其中包括了窗帘、床品、地毯、桌面罩子，以及一些以布艺制成的装饰品等。

② 碎花样式的软装体现在窗帘及床品中的情况比较多。在同一处空间中，如卧室空间，选择了窗帘的碎花纹理，那么床品通常会样式简洁一些，以形成空间设计中的主次变化。

③ 格纹类的布艺软装具有精美的装饰效果，但并不适合在空间中大面积地设计。因此，多数情况下，格纹样式只会设计在窗帘中。

④ 灯具一类的软装，强调沉稳复古的色彩。无论是在灯具的样式上，还是灯具的漆面颜色上都是如此。

⑤ 工艺品、装饰品软装，如挂钟等，会选择样式极复古的造型，这样可以烘托田园风格的家居氛围，使空间的整体设计更显质感与隽永感。

软装类别

01 绿色系棉麻布艺

田园风格的家居中，比较具有代表性的布艺材料是自然类的棉麻，多以绿色为主，少量搭配红色、黄色、粉色等自然类色彩，烘托舒畅、惬意的氛围。

设计要点

布艺最具代表性的是靠枕，多为低彩度色调。

02　格纹窗帘及布艺

　　在设计有格纹窗帘的空间中，一定会设计有碎花的纹理样式家具，然后以格纹窗帘来作为空间的装饰。这样设计出来的空间非常具有观赏性，且拥有丰富的设计感。

设计要点

格纹窗帘的色彩变化要与碎花家具的色彩变化保持一致。

03　黑漆铁艺烛光灯

　　田园风格的吊灯设计中，基本上没有浅淡的色调，因此都会选择带有黑漆的铁艺吊灯来装饰空间。这种样式吊灯的好处是，易于搭配空间内的实木家具与墙面造型。

设计要点

黑漆铁艺灯的样式可以偏古朴，但不可偏于现代造型。

04　自然元素的装饰画

　　在一些小户型中无法使用大型的田园风格代表家具，通常会使用布艺沙发搭配白色木质家具，使用一些自然元素图案的装饰画来强化田园风格的自然感，如花草、动物等。

设计要点

同时使用多幅画作时，建议选择成系列的内容，不容易让人感觉混乱。

风格配色 | 清新淡雅的家居氛围

要点速查

① 带有自然气息的色调，是田园风格空间所偏爱的。无论是以绿色为中心的空间，还是以暖黄色为中心的空间，都会在一些细节配色上，突出空间的自然田园气息。

② 田园风格的空间配色有一个相对普遍的特点，即空间的色彩清新且淡雅，给人以宁静舒适的感觉。这种配色形式也贴合了亲近自然、贴合自然的风格主题。

③ 田园风格的空间配色中，也有厚重深沉的配色，像大红色、深棕色等配色。这种色彩搭配出来的空间，更具古朴气质。

④ 田园风格的空间配色中，强调色彩的深浅变化与主次变化。即一处空间中，不仅会设计浅淡温馨的颜色，还会设计深沉内敛的颜色，以突出空间的立体感。

⑤ 在配色的具体设计中，应当选择好一种设计的主题色，然后围绕着主题色来搭配其他类型的颜色。这样设计出来的田园风格空间，会有较高的整体性。

配色类别

01 青色系 + 原木色

青色马赛克 + 黄色实木家具	青色墙漆 + 原木色沙发	青色衣帽柜 + 粉色墙漆

马赛克的轻快色彩加上餐桌的黄色，使空间轻快明亮又沉稳内敛	原木色沙发上淡雅的格纹样式，成为青色背景墙下的空间主题	两种风格不同，却同样淡雅的青色与粉色搭配出来的空间，不轻浮却显得温馨

02 暖黄色 + 深棕色

暖黄色墙漆 + 棕色布艺沙发	暖黄色墙漆 + 深棕色家具	暖黄色壁纸 + 棕红色沙发

通过在客厅中摆放棕色布艺沙发，使暖色调的空间沉稳下来

深棕色以点缀的形式出现在暖黄色空间中，提升了空间的立体感

暖黄色的碎花壁纸搭配复古造型的棕红色床，是典型的田园风格配色

02 绿色 + 大地色系

淡绿色墙面 + 旧白色沙发	淡绿色墙面 + 浅棕色地面	绿色系 + 浅棕色

淡绿色墙面搭配旧白色沙发以及深棕色茶几，温馨而淡雅

淡绿色的墙面搭配浅棕色的地面，塑造出清新的整体氛围

略带灰度的绿色搭配浅棕色，柔和而不乏自然韵味

04 红色 + 浅色系

红色墙砖 + 米色碎花壁纸	红色餐边柜 + 米色碎花壁纸	红色地面 + 米色墙面

沙发背景墙的红色墙砖可以使视线更集中在米色调的客厅中

红色餐边柜与米色墙面的配色对比，可增加空间内的纵深感

由地面到墙面，色彩的过渡由深到浅，使空间配色更具立体感

第十一章

法式风格

法式风格，指的是法兰西国家的建筑和家具风格，由巴洛克风格开始，到洛可可风格，最后到新古典风格，共分三个时期。虽然每个时期都会转变一些设计方式，但其基本的设计理念是没有变过的，即展现高贵典雅的生活方式。法式风格非常注重细节处理，每一处法式廊柱、雕花与线条都有各自的雕刻特点，而不是单调的重复，这也使得法式风格空间充满了审美趣味。

风格材料 高贵精致的工艺设计

要点速查

① 线条一类的材料在法式风格的空间中，运用得非常广泛，无论是设计在墙面当中，还是设计在吊顶中。

② 法式风格的线条与欧式风格的线条有着明显的区别。法式风格的线条更细，在细节的设计上更加的细致，有精致的感觉。

③ 法式风格的壁纸不同于欧式风格壁纸那样有外露的奢华感，而是相对较内敛的、具有高贵气质的。在纹理的设计上，有精致的欧式花纹纹理。

④ 大理石等石材在法式风格的设计中，注重石材的造型，会将石材雕刻成精致的线条造型，设计在空间的墙面中。

⑤ 银镜在法式风格的设计中，也有较广泛的运用。一般会将银镜设计成车边的造型，与墙面的实木线条相结合，共同营造属于法式风格的高贵空间感。

材料类别

01 法式线条

它分为实木线条和石膏线条两类，法式实木线条设计在墙面中的情况比较多，而石膏线条则多是设计在吊顶中，但线条的样式都是偏于法式样式的。

设计要点

法式线条不会很宽，而是偏于精致细腻的那种样式。

02 宽边大纹理线条

法式线条常见的材质有大理石、石膏或木线，通常制成宽边大纹理。主要设计在空间的背景墙上面，比如电视、沙发的背景上等。

设计要点

其中大理石线条的设计面积不宜太广泛，要设计在空间的主题位置。

03 浅淡纹理壁纸

法式风格的壁纸更偏内敛一些，设计在墙面中，并不是特别地吸引眼球。但其纹理的精致与美感是不能忽视的，越看越具有美感。

设计要点

浅淡纹理壁纸的搭配更适合造型繁杂奢华的家具。

04 银镜装饰

带有复杂花边的银镜，经常出现在法式风格的空间中，为居室增添华丽感，同时还能扩大空间感。

设计要点

银镜的车边造型越宽，其造型越具有美感。

风格家具 传统欧式的对称式布局

要点速查

①法式风格的家具设计中，普遍会偏近于复杂的工艺设计，如沙发、餐桌、床等。其工艺设计特点，均是典型的法式雕花造型。

②在皮革沙发的设计中，法式风格习惯于设计铆钉的造型样式。这也是典型的欧式家具造型，摆放在家具空间中，具有精致的设计感。

③柜体一类的家具，在法式风格的设计中，除了会设计繁杂的雕花造型外，还会添加欧式的绘画和略带复古处理的漆面，来装饰空间设计。

④布艺类型的沙发，在法式风格的设计中，会减弱繁杂的造型样式，而突出家具的舒适坐卧感。同时，布艺沙发经常搭配实木沙发，一同布置在客厅空间中。

⑤在法式风格的家具设计搭配中，强调家具与墙面造型的呼应，和家具彼此之间的呼应。如布艺家具搭配实木家具、金属家具搭配实木家具等等。

家具类别

01 铆钉皮革单人沙发

单人沙发采用铆钉的工艺制作方式，以皮革为表面的材质，摆放在法式风格的空间中，可以提升空间的细节设计美感。

设计要点

皮革沙发的颜色越艳丽，其装饰效果越精美。

02　法式柔软布艺沙发

　　沙发具有舒适的坐卧感，其装饰上是法式与现代的结合，摆放在空间中，具有简洁性的美感。但其设计细节上，则是遵循了法式风格的设计传统。

设计要点

布艺沙发的样式与颜色，都要与空间相结合。

03　金漆造型家具

　　在具有法式风格的造型特点下，家具会涂刷金色的漆面在实木结构上，往往能带给空间高贵与奢华的设计感。

设计要点

金漆的家具造型越复杂，其装饰效果越精美。

04　法式工艺装饰柜

　　在柜体的表面会有精致的雕花工艺，并且有欧式的绘画设计。通常会摆放在空旷的墙边，起到装饰效果和一定的实用功能。

设计要点

装饰柜要具有复古的设计样式。

风格软装　高贵典雅的装饰美感

要点速查

①布艺一类的软装，在法式风格的设计中，所注重的是带有法式风格的花边设计，像窗帘的设计一样，其花边的装饰效果，往往能起到提升空间设计美感的作用。

②床品在法式风格的设计中，通常会选择大量的法式花纹造型。以繁杂精致的设计感取胜。

③吊灯一类的软装，要展示出灯具的高贵感与奢华感。因此，经常会选择水晶样式的吊灯，并且在水晶吊灯的内部，透漏出带有高贵奢华感的金色。

④法式风格的软装中，展现出高贵典雅的设计感是很关键的。因此，大量的法式玫瑰花图案设计，及精致的花边设计，会大量地存在于软装的设计中。

⑤法式风格的软装之间要注意搭配的协调性。在同一空间中，若床品具有复杂的设计样式，则窗帘的设计样式要偏于简洁，这样才能展现出空间的设计美感。

软装类别

01 法式床头帘幔

一般会成圆形样式设计在床头。作为床头背景墙造型，帘幔的纹理及花边样式具有典型的法式风格特点，搭配空间中的家具，其效果协调且具有精致的美感。

设计要点

高贵典雅的装饰美感帘幔，圆形的大小通常为床宽度的三分之一。

02 法式金色水晶吊顶

吊顶的整体样式成透明的水晶状，但内部微微地透着金色。悬挂在法式风格的吊顶下，往往能吸引人们的视觉注意力，提升空间的装饰美感。

设计要点

水晶吊灯越大，装饰越繁杂，其越具有设计感。

03 法式纹理窗帘

窗帘的样式上，具有丰富的造型设计。其表面的布艺纹理，有内敛的花纹造型，不张扬，起到优秀的软装衬托效果。

设计要点

窗帘要具有欧式的花边造型。

04 法式花纹床品

床品四件套由精致、高贵的玫瑰花样式设计而成，具有高贵典雅的审美效果。装饰在卧室中，可以成为空间内的视觉主题。

设计要点

花纹的样式注重细节的精致，但并不提倡色彩的过渡变化。

风格配色　高贵且具有活力的配色

要点速查

① 法式风格的空间配色，主要突出的是高贵的气质，但并不是普通意义上的奢华。因此，在实际的空间配色当中，会彰显配色的活力感，以突出法式风格的独特性。

② 浅色系的空间配色，更适合法式风格。配色无论是体现在家具中，还是软装中，偏浅的颜色都可使空间更加的明朗与高贵。

③ 暖色调的空间是法式风格配色中常搭配的一种，因为法式风格常设计金色的家具。因此，暖色调的空间配色更容易体现法式风格的奢华气质。

④ 复古基调的法式空间配色，会利用红木色等实木的颜色，然后搭配适当的辅助色来烘托整体空间的配色。

⑤ 空间配色的搭配技巧中，需要有对比色，比如两种深浅不同的颜色，深棕色和米黄色，这样可以加深空间的纵深感，提升法式风格的配色灵活度。

配色类别

01 绿色系 + 浅色系

深绿色家具 + 浅色地面	淡绿色壁纸 + 白色吊顶	绿色家具 + 白色壁纸

深绿色的法式造型布艺家具搭配浅色系的地面，效果典雅而不失清新感	大面积的淡绿色壁纸使卧室空间变得更加理性，而白色的吊顶及黄色的家具则更加温馨	白色的碎花壁纸具有典型的法式风情，绿色的家具则更具活力与时尚感

02 暖色调 + 灰色调

黄色墙面漆 + 灰色布艺沙发	黄色墙面 + 灰色布艺餐桌	暖黄色墙面 + 灰色调法式床

灰色布艺沙发与大面积的黄色花纹壁纸组合，高贵、典雅	灰色调的餐桌椅具有沉稳感，而黄色墙面则增添了空间的温馨感	灰色调的法式床展现了尊贵感，暖黄色墙面则使空间更加舒适

03 棕色系 + 浅色调

浅棕色家具 + 白色墙面	深棕色地面、家具 + 白色墙面	浅棕色墙面 + 白色家具

浅棕色家具在白色墙面的衬托下，展现了法式风格的复古设计	分布在家具及地面上的深棕色，形成鲜明的立体感	浅棕色墙面搭配白色家具，对比鲜明却不乏典雅感

04 蓝色系 + 浅色系

藏青色家具 + 白色墙漆	藏青色墙漆 + 白色墙漆	湛蓝色地毯 + 米色家具

圆墩形状的藏青色家具是客厅的点缀色，在背景色衬托下，具有轻快的活力	两种对比色设计下的墙面颇具时尚感	湛蓝色的地毯更加地沉稳，而米色家具则彰显温馨

第十二章
地中海风格

地中海风格，专指欧洲地中海区域的室内设计风格。那里有湛蓝的天、素白的云、红褐色的泥土，还有漫长的海岸线、特色的风土人情等等，这些因素形成了地中海风格的设计理念，推崇自然、像海洋一样自由的生活方式。地中海风格注重色彩与空间的关系，同时善于设计海洋风的元素来突出风格的独特性。

风格材料 　提倡海洋风的材料设计

要点速查

①地中海风格钟爱纯度较高的蓝色涂料，无论是蓝色乳胶漆、硅藻泥及其他的涂料，都会大量运用在墙面设计中，以呼应海洋风格的空间主题。

②马赛克在地中海风格的设计中是广泛的，其中以蓝色和白色的样式最多，除了经常设计在卫生间之外，还会设计在客厅以及餐厅的背景墙上。

③实木材料在地中海风格中的应用，除了墙面当中的设计，便是吊顶当中的实木梁柱。实木梁柱会采用宽大的样式，来营造地中海地区的住宅特色。

④地中海风格是几大风格中最喜欢设计彩绘的风格，无论是乡村主题的彩绘还是海洋主题的彩绘，都会巧妙地设计在空间中。

⑤地中海风格的材料设计中，最主要的是突出带有海洋风格的材料主题。这类材料或者产自海洋附近的区域，或者是带有海洋感觉的标志。

材料类别

01 蓝色涂料

蓝色会大面积地涂刷在墙面当中，有时会以天蓝色为主、白色为辅的形式设计出典型的地中海墙面。蓝色涂料的颜色越纯净，越能体现地中海风格的特点。

设计要点

蓝色涂料的自然美感需要白色涂料来衬托。

02 天蓝色马赛克

天蓝色马赛克经常会设计在电视背景墙或者沙发背景墙当中，作为空间的主要装饰材料。其样式也可以呼应着地中海风格的设计主题。

设计要点

集中并且小面积的设计可以突出马赛克的精致美感。

03 墙面彩绘

地中海风格的墙面彩绘通常会展现乡村及海洋的自然风光，这种彩绘经常会设计在卧室的床头以及餐厅的主题墙上。

设计要点

墙面彩绘的颜色不可过于艳丽，以免与空间的主色调有所冲突。

04 实木梁柱

设计在吊顶当中的实木梁，可以很好地呼应地中海贴近自然的主题风格。但它不会在吊顶当中大面积应用，而是以点缀的形式来丰富材料设计。

设计要点

保持原有色调并且带有粗糙质感的实木梁，更适合地中海空间。

风格家具 带有海洋风格的材料造型

要点速查

① 混油家具在地中海风格当中的设计是广泛的，其中又以白色混油家具为最多，无论是设计在沙发、餐桌、床，还是柜体当中，都以展现家具的白色为主。

② 铁艺家具在空间中的设计虽然不广泛，但总是会设计在恰当的地方来装饰空间。比如，客厅的单人座铁艺沙发，或者卧室的铁艺床等等，都能呼应地中海风格的设计主题。

③ 实木类的家具除了涂刷混油之外，会保留实木表面的自然纹理与原木色调，以烘托地中海风格空间的自然质感。

④ 在布艺家具的设计中，都会以蓝白两色来构造布艺表面的纹理以及造型，其中以格子以及条纹造型为主，展现空间的理性感。

⑤ 在地中海风格的家具搭配设计中，实木家具经常会搭配布艺家具出现；混油家具则不会同清漆家具共同出现。

材料类别

01 蓝白造型家具

包括沙发、餐桌椅等，家具的造型上是典型的地中海样式，在布艺的搭配上，则是以蓝色和白色两种主色调呼应设计，以体现海洋风格。

设计要点

家具选用时应以白色为主，蓝色为辅，蓝色也可以作为搭配家具的布艺出现。

02　黑漆铁艺床

　　铁艺床的样式在地中海风格中有广泛的运用，通常铁艺会涂刷成黑漆的颜色，然后搭配浅色调的床单，以突出卧室的设计感。

设计要点

铁艺床的样式要简单，而不要复杂。

03　实木餐桌椅

　　餐桌的样式会采用全实木构造，而椅子的样式会采用布艺搭配实木的造型。利用浅色的布艺与深色的实木桌面形成视觉上的冲突，以增添家具设计的立体感。

设计要点

实木餐桌的漆面最好是清漆，以保留实木的原始质感。

04　混油家具

　　有白色混油家具和蓝色混油家具两大类。通常是白色混油家具更多一些，蓝色混油家具为辅助，来展现空间的地中海风格特色。

设计要点

混油家具的漆面颜色纯度越高，其装饰效果越好。

风格软装 弥漫海洋风的装饰设计

要点速查

① 在软装的设计中展现海洋风很关键，无论是从软装的造型设计上，还是软装的配色细节中，都要有海洋风格的设计元素。

② 贝壳、海星一类的工艺品，摆放在地中海风格空间中，具有画龙点睛的效果，可以很好地呼应地中海风格的设计主题。

③ 布艺一类的软装，如窗帘、床品等，需要体现的是轻盈的质感。这样才能符合地中海的设计主题，即自然、轻快的空间设计感。

④ 在地中海风格的空间中，多摆放绿植，以展现自然的生态气息。这样不仅可以改善空间内的空气质量，并且还拥有良好的装饰效果。

⑤ 地中海吊顶一般会设计有深沉或艳丽的色调，丰富吊顶设计的同时，呼应空间内的家具、软装等装饰。

软装类别

01 质感轻柔的窗帘

质感轻柔的窗帘与地中海风格的设计主题很搭调，可以展现地中海风格自然、轻松的空间设计感。窗帘的样式通常以纱帘为主，这样可以最大化地展现轻柔质感。

设计要点

几层纱帘组合成的窗帘可以很好地保护空间隐私。

02　造型精致的绿植

首先在绿植的种类上选择符合地中海风格的气息，然后再搭配精致的、工艺精美的花器。花器可以由瓷器制成，也可以由铁艺制成。

设计要点

花器好坏决定了绿植在空间内的装饰效果。

03　碗状型吊灯

吊灯的样式就像倒挂下来的瓷碗，整体的颜色或者由彩色的玻璃组成，或者是呈现单一的、复古的颜色。

设计要点

碗状型吊灯适合设计在卧室、书房、过道等空间中。

04　地中海装饰画

装饰画的画框会选择金漆造型的欧式画框，但画布的内容，则是体现乡村绘画主题，或者是海洋风绘画主题。

设计要点

装饰画的内容上与地中海风格相呼应，这很关键。

风格配色 经典的蓝白空间主题色

要点速查

① 地中海风格空间的配色，最为经典的是蓝色与白色的相互搭配，通常是以白色空间为背景色，蓝色则设计在家具及软装中，以烘托空间的海洋风设计氛围。

② 涂刷清漆的原木色常搭配白色或者米色一同出现在空间中。这种地中海风格的空间配色，能彰显出空间的复古设计感。

③ 多种变换的、深浅不一的蓝色，大量地设计在地中海风格的空间中，极大地丰富了空间内的色彩变化。通过蓝色的渐变，不断变换空间的纵深感与设计美感。

④ 在地中海风格的配色方案中，蓝色适合搭配白色一同出现；棕色色调的原木色适合搭配温馨的米色调。

⑤ 好的地中海风格配色，同一处空间中不会多于三种主题色。即色彩上的搭配是统一的且舒适的，而不会带给人混乱的配色感觉。

配色类别

01 米色系 + 蓝色系

蓝色系 + 米色系	蓝色家具 + 米色布艺	米灰色沙发 + 蓝色墙面

不同明度的蓝色用在墙面及家具上，搭配不同明度的米色布艺及地面，清新而不乏柔和感	床头背景墙使用米色壁纸，搭配淡蓝色的床品，中间用白色家具过渡，淡雅而又不乏层次感	蓝色木质墙面搭配米灰色的沙发，具有海洋般的清新感，同时又让人感觉很高雅

02 蓝色系 + 白色

蓝色系 + 白色墙面	蓝色门窗 + 白色顶面、墙面	蓝色沙发 + 白色顶面、墙面

以不同明度的蓝色和白色组合，涂刷成海洋图案，彰显海洋风情	蓝色的木质门窗，搭配白色的顶面和墙面，非常清爽	湖蓝色的布艺沙发，搭配白色的顶面和墙面，带给室内明快感

03 天蓝色 + 白色调

天蓝色手绘墙 + 白色背景	天蓝色木门 + 白色墙面	天蓝色家具 + 白色墙面

天蓝色手绘墙作为沙发的背景墙，具有丰富的设计感，而白色墙漆则起到良好的衬托效果	高纯度的天蓝色木门搭配白色的墙面，是典型的地中海风格配色	家具采用天蓝色的色调，可使空间拥有明亮的视觉主题

04 棕色系 + 白色

棕色系 + 白色系	棕色装饰品 + 白色墙漆	黑漆吊灯 + 白色墙面

棕色与白色穿插使用在家具上，与黄色墙面搭配，淳朴而明快	精致造型的棕色装饰画挂在米色的墙面上，效果更佳凸显	黑漆吊灯的配色丰富了白色的吊顶

● 搭配技巧

多种设计样式的沙发组合搭配

　　在设计造型较为单一的空间，摆放多种设计样式的家具可以丰富空间内的设计变化。尤其是在地中海风格的家具设计中，每一种造型的沙发其内在都有着主题上的联系。因此，只要家具在色调上的冲突不大，相互搭配出来就会有很好的效果。

▲ 三种不同类型的沙发组合搭配出来的空间，极大地丰富了空间内的设计变化。

蓝白组合的布艺＋木质家具塑造清新风

　　家具包括沙发、餐桌椅等，造型上可以选择典型的地中海样式。而色彩选择蓝色和白色两种色彩穿插组合款式，并采用布艺搭配木质框架的材料搭配，就能够体现出海洋风格的清新感。

▲白色为主、蓝色点缀的沙发组，为客厅增添了浓郁的清新海洋风。